經營顧問叢書 ㉛

應收帳款的管理與催收

鄭宏恩　編著

憲業企管顧問有限公司　　發行

《應收帳款的管理與催收》
序　言

　　現今的商場交易形態，無非是現金交易或賒銷信用交易，而賒銷交易居十之八、九，運用此法者，必然會有應收帳款或收不回貨款之風險，稍一不慎，即有導致血本無歸之危險。

　　坊間有關業務開拓之書，汗牛充棟，大都是在強調推銷技巧或方法，缺點是「重推銷，輕收款」，此類書籍對於銷售貨款的管理機制、銷售後的收款技巧、收款理念、不良債權的應付……等，書中都是略過不提或草率交待，實在是美中不足。

　　本書是行銷專家累積企業輔導經驗的精彩內容，企管顧問師在診斷、輔導企業的行銷部門時，常發現企業有下列疏失：企業在初期既「缺乏收款的內部控制」，「沒有信用管理的妥當做法」，又「沒有健全的應收帳款的管理辦法」，而員工「缺乏收款管理的做法」，企業既「缺乏對應收帳款的重視」，也「沒有具體、完善的收款技巧培訓作法」…………。

「銷售難，收款更難」，在企業的運作過程中，操作重點不只要將商品賣給客戶，更要將貨款如期、如數收回，只有貨款收回後，才能算是銷售工作的完成。

催收帳款的關鍵也就在於尋找突破口，對症下藥，對債務人全面觀察，透徹分析，摸透他的心理以及他的財務狀況，然後具體問題具體分析，抓住要害，一舉拿下。

有鑒於此，2016 年 6 月推出本書，就是針對「企業如何訂立應收帳款的各種管理辦法」，指導「企業如何收回應收帳款」，書中具體作法可分為內部管理和外部催收，全書內容均是實務介紹，不談理論，訴諸實用作法，是企業界收款專用參考書，可作為業務部門、收款部門、財務部門的參考工具書。

2016 年 6 月

《應收帳款的管理與催收》
目　錄

第一章　企業的應收帳款 / 9

企業賒銷行為的表現形式是應收帳款，應收帳款的存在，雖有利於企業擴大銷售、提高市場佔有率，對應收帳款的整個回收過程，應實施嚴格的跟蹤、監督，以確保客戶正常支付貨款。

第二章　企業的信用管理部門編制 / 43

企業運作有營業推銷的部門，還需設置有信用管理功能的部門，此部門可以獨立運作，也可以依附在其他部門之內。依工作

需要，配備專業人員，為貨款的收回提供有效的工作。

第三章　企業的徵信調查工作 ／ 84

　　企業的徵信調查，包括調查品格、能力、資本、擔保品、業務狀況等方面，了解集客戶的全面信息，並制訂徵信計劃，實地調查，根據不同的調查對象調整調查方法和技巧，最終得出一份準確、詳實的徵信調查報告。

第四章　企業的信用額度管理 / 118

信用管理一旦失控，將會給企業帶來大量的壞帳，進而降低企業的資金週轉速度，影響企業貨款的回收，吞噬企業的利潤。企業先評價自身對信用風險的承受能力，制定有效的信用管理政策，在進行客戶管理、帳務管理、財務管理，實施信用評等制度。

第五章　企業的催收管理 / 138

做好售前、售中、售後銷售服務，訂定時間去催收貨款，對客戶加以區別分類，規劃好收款計劃，以不同方式處理催收事宜，擬定收款必成的戰略，使收款速度加快。

第 一 章

企業的應收帳款

1 認識應收帳款的意義

商業信用是信用發展的最初形式。伴隨著經發展，賒購和賒銷現象得到廣泛發展。在企業資產中，賒銷行為的表現形式是應收帳款。應收帳款在本質上是商業信用。

應收帳款的存在是一把「雙刃劍」。企業在增加銷售收入時，經常會面臨一種兩難處境：採用寬鬆的信用政策來擴大銷售，可能會導致應收帳款數額居高不下，企業的資金被長期無效益地佔用，嚴重影響企業；實行嚴格的信用政策，擴大現金銷售，則可能會導致銷售額下降，企業業績下滑，總之，應收帳款在擴大銷售、提高市場佔有率的同時，也會對企業的生產經營管理帶來一些負面作用：

1. 應收帳款在企業生產經營中的作用

⑴擴大銷售，增加企業的市場佔有率。企業要在競爭激烈的市場

環境中不斷發展壯大,就必須不斷擴大銷售,提高產品或服務的市場佔有率,增加企業的贏利水準。採用賒銷方式是擴大銷售的最有效手段之一,特別是在經濟不景氣、市場萎縮和資金匱乏的情況下,賒銷更是一種搶佔市場的主要手段。此外,在企業開發新產品、開拓新市場時,採用賒銷方式也是增加企業市場佔有率的有利武器。

(2)減少存貨佔用水準。企業存貨佔用水準影響到企業的費用支出水準。一般來說,存貨佔用的增加在很大程度上會導致倉儲費、保險費和保管費等營業費用的相應增加。因此,無論是季節性生產企業還是非季節性生產企業,當存貨佔用水準過大時,為了減少可能發生的費用或損失,都會採用較為優惠的條件進行賒銷,將存貨轉化為應收帳款。這樣不但可以提高企業的償債水準,增加資產的流動性,而且也能減少費用支出和損失的發生。

2.應收帳款的帶來的缺失

(1)虛增企業資產

應收帳款數額的增加,必然導致流動資產和總資產的增加。然而,應收帳款的品質和數量之間存在一定程度的背離,即應收帳款數量的增加可能隱含著應收帳款品質的下降。從應收帳款的帳齡角度來看,帳齡越長,發生壞帳損失的可能性越大。如果不將 3 年以上的應收帳款在企業資產總額中注銷,必然導致企業資產虛增。

(2)造成企業短期清償能力不足

現代財務理念認為,貨幣資金是企業最重要的資產。企業購買原材料、商品或者服務,向員工支付薪酬及其他各種經營管理費用(如保險、維修、辦公用品和稅金等),以及向投資者和債權人支付股利利息等經營管理活動都需要貨幣資金。但是,在某一時間段,企業應收帳款的運動和貨幣資金的流動可能是相互脫節的,導致企業缺乏貨

幣資金來進行各種支付。因此，應收帳款數額過大，不但可能會導致企業以流動比率和速動比率衡量的短期償債能力的虛假增加，會削弱企業的財務適應性，喪失潛在的投資機會。

(3)虛增企業利潤

按照企業權責發生制的會計核算原則，應收帳款的增加必然會導致銷售收入的增加，進而導致企業利潤總額的增加。在企業應收帳款不能及時、有效回收的情況下，企業的銷售收入和利潤總額可能會虛增，並進一步導致企業負擔的流轉稅和所得稅的增加。因此，應收帳款產生的虛假贏利可能會侵蝕企業的實際運營能力，導致企業陷入經營危機。

正是由於應收帳款在為企業帶來積極作用的同時也蘊含著很大的消極影響，因此，應收帳款的管理意義巨大。科學合理的應收帳款管理的主要目的，在於盡可能地擴大應收帳款在擴大銷售和減少存貨佔用水準方面的積極意義，同時盡可能地減少應收帳款數額過大帶來的負面影響，最大可能地實現增加應收帳款產生的收益和減少所帶來的風險，實現企業發展的良性循環。

2 如何計算應收帳款的成本

雖然應收帳款的存在有利於企業擴大銷售、提高市場佔有率積極作用，但是應收帳款也可能導致成本的增加。應收帳款的成本包括：

1. 持有應收帳款的機會成本

任何企業的財務管理活動都是在一定的時空條件下開展的，應收

帳款的管理也是如此。貨幣是有價值的，它表現為透過購買原材料和
固定資產進行投資活動，或將資金投放於證券市場，從而為企業創造
價值。作為一種企業擁有的貨幣性資產，企業擁有應收帳款也就意味
著喪失了利用該項貨幣性資產從事證券投資或實業投資的機會。因
此，企業所失去的將同等數額的資金投放於證券市場而取得的利息收
入或股利收入、或進行實業投資而捨棄的利潤是因持有應收帳款而帶
來的機會成本。通常情況下，人們按照有價證券的利息率來計算應收
帳款的機會成本。

應收帳款佔用資金的應計利息計算公式：

應收帳款應計利息＝應收帳款佔用資金×資金成本(投資收益
率)

應收帳款佔用資金＝應收帳款平均餘額×變動成本率

應收帳款平均餘額＝日銷售額×平均收帳天數

變動成本率＝單位商品變動成本÷商品單價

此外，當企業採用嚴格的信用政策進行銷售時，企業因此而喪失
的潛在銷售額也是一種機會成本。但是，在現實中，這種機會成本難
以可靠計算，所以應收帳款的機會成本一般是指應收帳款佔用資金而
喪失的應計利息。

2.持有應收帳款的管理成本

企業在加強對應收帳款全過程管理的同時，相應地發生費用支
出，包括：

(1)因為開展信用調查而付出的費用，如向專門信用評估機構支付
的諮詢費等；

(2)建立專職的信用管理機構而發生的管理費用，如辦公用品的購
置、人員薪資等必要的支出；

⑶收集客戶信息的費用，如電腦設備的採購等；

⑷會計帳簿的記錄費用，如專司應收帳款會計記錄人員薪資；

⑸收帳費用，如收帳人員的薪資、獎金和差旅費等；

⑹其他與應收帳款有關的必要的支出。

3.應收帳款的呆帳損失

現實中，應收帳款 100%的完全回收是難以實現的，應收帳款的存在不可避免地要發生壞帳損失。按照會計制度的規定，企業的應收帳款符合下列條件之一的，應確認為壞帳損失，並沖銷企業的應收帳款：

⑴債務人破產，以其破產財產清償後仍然無法收回；

⑵債務人死亡，以其遺產清償後仍然無法收回；

⑶當存在債務人已撤銷、破產、資不抵債、現金流量嚴重不足，或因發生嚴重自然災害導致停產而在短時間內無法償還債務，以及 3 年以上的應收帳款等，企業可以全額提取壞帳準備。

⑷債務人較長時期內未履行償債，並且有足夠的證據表明無法收回或收回的可能性極小。

總之，一定時期內企業應收帳款成本是持有應收帳款的機會成本、應收帳款的管理成本和壞帳成本之和。一般說來，應收帳款數額越大，所產生的機會成本和管理成本以及壞帳損失的可能性也越大。

3 銷售與收款的循環

　　企業都是逐利的，企業成立以後，都必須依託於業務的開展，透過資本有效循環，來實現企業的利潤和價值增值目標。

　　銷售與收款循環主要是指企業向客戶出售商品（或提供勞務）並收取款項等相關活動。銷售與收款循環的重要性，可以從產業資本循環、企業價值鏈管理及企業生存和發展等角度進行理解。

圖 1-3-1　銷售與收款的循環典型流程

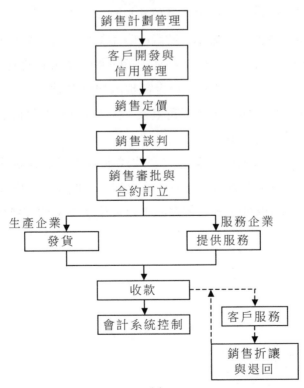

從流程看出，銷售與收款循環包括以下活動：

1.銷售計劃管理。企業在進行銷售預測的基礎上，考慮生產能力，圍繞預算期內利潤目標規劃，制定總體和分產品的銷售目標，編制銷售計劃，並將銷售計劃分解落實到相關部門和下屬分支機構。

2.客戶開發與信用管理。企業積極開拓市場，努力增加市場佔有率，加強現有客戶維護，開發潛在目標客戶，並客觀地評價自身對信用風險的承受能力，制定有效的信用管理政策，明確信用標準、信用期間、授信控制及應收帳款管理政策和程序。

3.銷售定價和價格管理。銷售定價是指產品價格的確定和調整。價格管理主要是指各企業建立健全銷售價格控制制度，制定書面的銷售價格管理文件，明確價格制定的權限及違規責任界定、基本價格政策、產品組合和定價策略、價格調整機制、價格表授權傳閱範圍等內容，並透過嚴格的價格管理制度保障企業的毛利目標得以實現。

4.銷售合約和訂單管理。企業與客戶經過談判，達成共識訂立銷售合約，明確雙方權利和義務，以此作為開展銷售活動的基本依據。具體包括銷售談判、合約評審與審批、合約訂立、合約歸檔、合約執行追蹤等環節。

5.銷售發貨。銷售發貨指銷售方企業根據銷售合約或訂單的約定向客戶提供商品。銷售發貨流程需要銷售、計劃、財務、物流、倉儲等部門共同參與，各部門崗位職責界定明確、相互覆核、內部牽制、信息溝通流暢。

6.銷售發票管理。銷售發票是證明銷售發生、載明銷售業務信息的票據。企業對銷售發票統一管理，並設置專人負責，對空白發票要有安全的保管措施，實施嚴格的接觸控制。同時，建立規範的開票管理流程，明確發票申請、開具、覆核、寄送各環節的工作內容和所應

承擔的責任。

　　7.銷售折扣折讓。銷售方企業為擴大銷售，以銷售合約中折扣折讓條款的規定為依據，向客戶提供折扣和折讓，包括銷售折扣和折讓的計算、確認與支付，與客戶的定期對帳，按權責發生制的要求定期計提應付未付的折扣折讓等，可以分為現銷和賒銷（或信用銷售）。對於賒銷業務，企業要加強對應收款項的管理，包括應收帳款的對帳和確認、到期催收，應收帳款的分析和監控等。

　　8.銷售退回。銷售退回是指企業售出的商品，由於品質、品種、性能不符合要求等原因而發生的退貨，主要包括以下環節：正確區分退貨原因、辦理入庫、核算入帳和減少退貨損失等。

　　9.客戶服務。客戶服務是指企業建立和完善與客戶之間的信息溝通機制，使客戶的問題能夠及時、方便地得到反映和回應，並透過優質的售後服務使客戶的需求得到滿足，持續改進商品品質和服務水準，藉以不斷提升客戶的滿意度和忠誠度。

　　10.會計系統控制。企業透過會計系統對銷售與收款業務進行真實、準確、完整的反映，並根據內部控制和企業管理的要求對銷售與收款業務進行財務監督和控制。

4 應收帳款管理的基本業務流程

企業實行信用銷售，必然會帶來應收帳款，應收帳款管理是企業信用管理和財務管理的一個重要組成部份。

應收帳款管理的基本業務流程主要包括以下步驟和環節：

1. 應收帳款的確認和記錄。

企業根據相關銷售單據對客戶的應收帳款進行確認，並在企業會計帳簿中進行記錄。應收帳款確認和記錄的信息是應收帳款管理的信息基礎，應保證真實、準確和及時。

2. 應收帳款的對帳。

企業要定期與客戶(包括關聯客戶和非關聯客戶)進行應收帳款的對帳，並取得有法律效力的對帳單。對帳過程中發現的差異應及時調查和處理，特別要關注長期未達帳項。

3. 應收帳款的分析。

應收帳款是一個風險比較大的資產，企業要進行應收帳款的帳齡分析，對逾期應收帳款進行重點管理，並在帳齡分析的基礎上計提壞帳準備作為壞帳風險撥備。此外，企業還需要分客戶進行信用額度佔用和應收帳款週轉分析，並根據分析結果和企業信用管理政策，及時調整對客戶的授信和信用政策。

4. 銷售貨款的收款和逾期應收帳款的催帳。

企業要採取有力的控制措施保證銷售款項能夠安全、完整地收取，並綜合運用多種手段提高銷售結算速度，將銷售結算環節中的資金佔用降到最低。對逾期的應收帳款，企業要採取有效的催帳和清收

措施避免壞帳損失的發生。

5 確定應收帳款的管理內容

　　企業財務管理的目的是實現企業價值的最大化。因此，企業應收帳款管理也必須圍繞著如何提高企業價值的角度來開展。企業價值不僅體現在為投資者創造最大價值，也體現在企業為社會、為員工等創造的價值，表現為股利、利息、稅金和薪資等諸多方面。然而這些創造的價值是對企業在一定期間實現利潤的不同階段的扣除。所以，應收帳款管理應該圍繞著如何實現利潤來進行。

　　應收帳款的管理是一個全過程和全方位的管理過程。全過程體現在建立信用管理機構、收集客戶的信用資料、分析評價客戶的信用狀況（主要是對客戶提交的財務報表的分析）、制定合理的信用政策、建立針對銷售的內部控制制度、應收帳款回收、應收帳款保全和呆帳催收；全方位體現在應收帳款的管理不單純是銷售部門或者財務部門的事務，而是集合了銷售部門、財務部門、會計部門和法律事務以及內部審計等相關部門的力量，共同致力於實現應收帳款收益的最大化，以提高企業的贏利水準。為了實現企業對應收帳款的全過程和全方位管理，企業應採取如下措施：

1. 建立相對獨立的信用管理部門

　　為了加強應收帳款的管理，大中型企業應根據業務發展的需要建立相對獨立的信用管理部門，專門負責對應收帳款的管理。但是，需要注意的是，銷售部門、財務部門、會計部門和法律事務部門以及內

部審計部門等應配合該部門的工作，以加強對應收帳款的管理。

2. 展開信用調查，建立客戶信用資料庫

信用調查是加強應收帳款管理的源頭。只有取得了豐富翔實的客戶信用資料，才能有效分析評價客戶的資信程度，制定合理的信用政策，從而有效地加強應收帳款的管理。對客戶的信用調查方法包括直接調查法和間接調查法。直接調查法指採用採訪、詢問等方法來獲取客戶的有關資料；間接調查法指採用獲取並分析客戶的財務報表，或者取得外部信用評級機構的信用評級報告。

有很多內資和外資信用評級機構，具有國際知名度的信用評級公司有標準普爾和穆迪公司等。這些信用評級機構的評級報告具有一定程度的客觀性，因此具有一定的可信性。在評估等級方面，目前主要有兩種分類方法：一種是採用 3 類 9 級分類法，即把企業的信用等級分為 AAA、AA、A、BBB、BB、B、CCC、CC 和 C，其中 AAA 為最優等級，C 為最差等級；另外一種分類方法採用 3 級分類法，即將信用等級分為 AAA、AA 和 A 三級。

除此之外，開戶銀行、工商行政管理部門、證券交易部門和社會媒體也都能提供有關交易客戶的信用狀況。

3. 分析、評價客戶的信用狀況

在充分獲取客戶信用資料的基礎上，需要採用科學、合理的分析和評估方法，客觀地評價客戶的信用狀況。用以評估企業信用狀況的方法有很多，但通常主要採用兩種方法：

(1) 5C 評估法。5C 評估法指對影響企業信用狀況的五個方面的因素進行的評價。由於這五個方面的英文的第一個字母都是 C，因此被稱為 5C 評估法。這五個方面分別是品德(Character)、能力(Capacity)、資本(Capital)、擔保(Collateral)和條件

(Conditions)。其中，品德指客戶願意履行還款義務的意願；能力指客戶償還款項的財務能力；資本指客戶的財務實力和財務狀況；抵押指客戶為了獲取商業信用而提供的擔保資產；條件指外部可能影響客戶償還能力的各種經濟環境。

(2)信用評分法。信用評分法指對一系列可能影響客戶信用狀況的因素分別賦予不同的數值和權重，然後採用加權平均的方法計算客戶的綜合信用分數，以此來比較和評價不同客戶的信用狀況。

4.制定合理的信用政策、信用評等

信用政策指企業針對賒銷過程中可能出現的風險而制定的業務管理原則、標準和風險控制方法，包括信用標準、信用條件和收帳政策等內容。制定信用政策的主要目的在於從總體上控制應收帳款可能出現的風險，它是企業進行事中控制的核心內容。

(1)信用標準。信用標準是企業根據客戶的信用狀況而給予客戶信用需求的最低標準，通常用預期壞帳損失率來表示。它是企業在通盤考慮了銷售收入增加和應收帳款成本增加兩者之間的利害關係後權衡的結果。

(2)信用條件。信用條件指企業要求客戶支付賒銷款項的條件，包括信用期限、折扣期限和現金折扣三個方面。信用期限是企業給予客戶的最長付款期限，折扣期限是客戶可以享受現金折扣的付款期限，而現金折扣是企業因為客戶在規定時限內支付款項而給予客戶的優惠。

(3)收帳策略。收帳策略是當客戶違反信用條件時企業應該採取的收帳方法和措施。企業所採取的收帳政策和實際發生的收帳成本存在負相關關係。當企業採用積極的收帳政策時，可能會有效地減少應收帳款的成本(包括壞帳損失)，但是也可能會產生較大的收帳成本；當

企業採用消極的收帳政策時，可能會增加應收帳款的成本（包括壞帳損失），但是也可能減少收帳費用。因此，企業應該衡量增加收帳費用和減少應收帳款成本之間的利害關係。

企業可針對原有客戶和新開發客戶、大客戶和中小客戶分別制定不同的具有彈性的信用程度。

5.建立針對賒銷業務的內部控制制度

企業應該針對賒銷業務制定一整套科學規範的管理辦法和程序。這些辦法和程序主要包括以下六個方面的關鍵內容：

(1)適當的職責分離。包括銷售人員和應收帳款的記帳人員的相互分離、賒銷批准職能和銷貨職能的分離等內容。

(2)適當的授權審批程序。必要內容包括賒銷業務是否經過審批，銷售價格、運費和折扣等是否經過核批以及是否存在未經適當授權而擅自發出貨物的現象。

(3)充分的憑證和記錄。賒銷業務的發生通常會連帶產生訂貨單、銷售憑單、銷售發票和出庫票等一系列憑證，因此每一筆賒銷業務都必須在會計制度所規定的科目內根據取得的合法憑證進行準確核算。企業應定期清點開出的銷售發票，防止漏開帳單現象的發生。

(4)憑證預先編號。企業應當對賒銷業務所涉及的各種憑證進行事先編號，防止在銷貨以後忘記向客戶開具帳單或登記入帳，也可防止重覆開具帳單或重覆記帳。

(5)按月寄發對帳單。企業應按月向賒銷客戶寄發對帳單，除與客戶及時對清帳款之外，也能起到提醒客戶及時支付款項的作用。

(6)內部審查程序。企業應委派內部審計人員或其他獨立的人員審查賒銷業務的處理和記錄。

6. 加強應收帳款的回收

企業應採用帳齡分析的方法計算每一筆應收帳款的帳齡和所有應收帳款的平均帳齡，並以此來強化應收帳款的回收工作。為了加快應收帳款的變現速度，企業除了制定合理的獎懲措施之外，也應該制定合理有效的收帳程序和方法，如採用電話，信函和發電子郵件等通信方式，也可採用個人拜訪或委託專門收帳機構進行回款，必要情況下，企業也可對欠帳客戶採取提起法律訴訟的方式來收回應收帳款。

7. 保障企業的應收帳款

為了最大限度地保證應收帳款的安全和完整，企業應在分析、評價客戶信用狀況的基礎上，採用資產保全的方式來防範和化解可能出現的各種風險。企業通常採用的債權擔保方式有定金、保證、抵押、質押和留置等。此外債務重組也是最大陸度保全應收帳款的有效選擇方式之一。

因此，我們絕對不能把應收帳管理與呆帳催收看作是一種單純的賒銷後的事項，而應該把它看作一個時間上連續的、空間上全面的完整過程。

6 對收款績效不良的分析

　　企業內部的管理控制不好，例如收款人員的素質不高、流程和程序上出了問題，這些都勢必會導致應收帳款無法收回。企業的內部管理控制問題有如下幾個方面：

1. 業務人員的素質不高

　　企業內部的管理控制不好，是造成應收帳款績效不良的根本原因，而企業內部管理控制不好的首要原因就是業務人員的素質不高。業務人員的素質不高表現在如下幾個方面：

(1)缺乏完全銷售的理念。

　　完全銷售是指業務人員不僅要銷售產品，而且還要及時收回貨款。有些業務人員因缺乏正確的理念，即沒有完全銷售的理念，他認為自己只管銷售產品，剩下的工作都與自己無關。信用交易有別於現金交易，業務人員得到的只不過是一張顧客在上面簽過字的帳單，只是一個債券憑證而已，這個債券憑證不等於現金，所以業務人員應竭盡可能地努力催收貨款，將債券憑證兌換為現金，這樣的銷售過程才是完全的銷售。

(2)缺乏回收貨款的完善計劃。

　　對於回收貨款，業務人員應該有一個週全的完善計劃，對收款、拜訪、遞送帳單、遞送結款單都應分別有合理的計劃安排。因為每逢月底，各個廠家都會競相去收貨款，在這種情況之下，要保證拿到貨款，必須要做好回收的計劃，安排好路線表，做好事前的週密準備。而業務人員普遍在這幾方面做得不夠週全。

(3)大做人情。

顧客大都希望能儘量夠晚一些付款,業務人員如果積極地或嚴厲地向顧客催款,會使顧客心裏不愉快,為了爭取下一筆訂單,為了緩和顧客情緒,有些業務人員在收款時就不夠努力,輕易地承諾可以晚幾天付款,所以貨款收不回來,應收帳款績效當然也不會好。

(4)業務人員缺少收款的各種技巧。

公司對很多業務人員做了職前培訓,這些職前培訓大部分都是產品專業知識、市場知識、推銷方面的知識,而對收款方面的知識和多種收款技巧的培訓卻很少,所以當業務人員去收款時難免就會遇到問題,遇到難題自己沒辦法去處理,收帳款績效自然就不會好。

2.業務主管督導不夠積極

造成應收帳款績效不良的第二個主要原因是業務部門主管督導不夠積極。業務人員不能及時收回貨款,主管要負主要責任,因為主管不僅要督促業務人員把業績完成,而且還要督促他把貨款及時收回,主管督導不夠積極主要表現在以下幾個方面:

(1)疏於職守,沒有做好帳齡分析。

主管督導疏於職守,沒有做好帳齡分析,所謂帳齡就是應收帳款的年齡,應收帳款的年齡越大越有風險,回收的可能性就相應的越小,所以為了確保應收帳款能夠快速安全地回收,業務主管要定期做好應收帳款帳齡的準確分析。很多業務主管常常只忙著推銷達成業績,而沒有進行帳齡分析,所以不能督促業務人員及時回收貨款。

(2)沒有制訂應收帳款回收的執行目標。

業務主管只顧分派業績任務,安排業務人員完成銷售業績,卻很少制訂應收帳款回收的執行目標,以及分派回收任務。

(3)訓練不足。

業務主管沒有對業務人員進行收款知識的足夠程度的訓練,也沒有把應對疑難問題的方法傳授給業務人員,訓練及經驗的不足,導致了業務人員收款能力較弱。由於業務人員的收款能力弱,貨款回收的比例自然就不會很高。

(4)過度銷售。

業務主管一味地督促業務人員多銷售產品,造成業務人員只顧銷售,而過度的銷售容易使業務人員沒有足夠的時間去回收貨款,這也是造成應收帳款績效不良的一個重要原因,主管要負主要責任。

(5)判斷失誤。

業務主管對於顧客本身的購買潛力判斷失誤,或對客戶的銷售潛力沒有仔細準確判斷,也勢必會導致不能及時收回貨款。

(6)缺乏獎勵。

重賞之下,必有勇夫。絕大多數的公司沒有對收款速度快、比例高、呆帳金額發生少的業務代表給予及時的必要獎勵,致使業務代表工作積極性不高。為了提高收款績效,業務主管必須配合公司制訂一個激勵的措施和制度,對收款快、比率高、甚至沒有發生呆帳業務的人員給予相當高的及時激勵,給予額外的補助和資助。

(7)認知不夠。

不僅是業務人員認知不夠,甚至有些主管也只是憑藉著過去的概念和經驗來銷售產品,沒有完全銷售的理念和正確的財務策略及財務觀念來幫助公司及時回收貨款。所以業務主管必須配合公司的資金和財務政策,制訂一套有效的收款計劃以及目標,來督導業務人員積極完成應收帳款的回收。

⑻主管與顧客之間感情的干擾。

業務主管與某位顧客之間的感情很好，沒有積極地督促自己的業務人員回收貨款，這種主管與顧客之間感情的干擾，也必然會造成企業的應收帳款積壓過多。主管感情用事，導致不能及時回收貨款，這是主管督導不週的內部原因。

3.企業應收帳款回收期限拉長

造成應收帳款績效不良的第三個原因，是應收帳款的回收期限拉長。應收帳款回收期限之所以會拉長，主要有以下幾個原因：

⑴對方拖延。

顧客能拖就拖，能拖多久就拖多久，付款越晚越好。所以當顧客的拖延戰術得逞時，企業整個應收帳款回收的期限勢必就相應拉長了，這樣就縱容了顧客拖延付款的時間。

⑵心虛讓步。

當業務人員聽到自己的客戶說：「某某給我的付款時間要比你的長」時，業務人員為了確保不失去這位顧客，往往首先會心虛讓步，本來是一個月就能收回來的貨款，常常會拖兩個月甚至三個月。

⑶沒有規定。

主管或公司對於回收貨款的時間沒有明確或嚴格的規定，業務人員為了確保不會失去自己的顧客，往往不恰當地延長收款時間，所以這也是造成應收帳款回收期限拉長的主要原因之一。因此，公司在規定業務人員的銷售金額和數量的同時，也要規定明確的回收期限。

⑷大做人情。

有時業務人員只為自己的人情打基礎，借花獻佛，為此不惜犧牲公司的利益，把一些好處讓給了顧客，拖延付款時間。這樣的做法自然會使應收帳款的回收期限拉長。

(5)強行塞貨。

顧客的購買潛力有限，業務人員為了達成業績，對公司有個交代，往往強行塞貨，從而勢必導致不能及時回收貨款，延長了應收帳款的回收期限。

4.收款時的折讓金額過多

造成應收帳款績效不良的第四個主要原因是折讓金額太多。公司少回收一部分貨款，讓利給顧客，折讓就是給予顧客的優惠。造成折讓金額過多的原因主要有以下四個：

(1)沒有明確規定。

公司沒有明文規定業務人員銷售產品的折讓標準，公司本身也縱容業務人員能讓就讓，所以也會造成折讓金額過多。對於公司來講，折讓金額過多，公司的利潤自然就會相應減少。

(2)價格波動。

在市場條件下，產品的價格會隨著市場的不斷變化而經常波動。一旦價格上漲之後，業務人員沒有及時明確漲價後的價格，顧客就會因此而有損失，在付款時顧客就會要求折讓。

(3)堅持不夠。

如果應收帳款是 10100 元，此時，顧客會要求只付 10000 元，將 100 元作為折讓。為了確保不失去顧客，業務人員往往不會堅持原收帳款，這樣就相當於 1%的應收帳款沒有收回，這對廠家而言的損失是很大的。

(4)管理不當。

業務主管縱容下屬，對於收不回來的貨款也就常常不再追究，這樣，如果每一位元業務人員都會有一部分貨款不能收回，折讓的金額就會累計成一個龐大的數字，公司的銷售利潤自然會受很大的損失。

5.產品退貨過多

造成應收帳款績效不良的第五個原因是退貨過多。顧客退貨主要有以下四個原因：

(1)判斷失誤。

過度銷售常常使得顧客的庫存積壓過多，顧客為了緩解庫存積壓，要求退貨當然是顧客最好的選擇。退貨對於廠家來講就是應收帳款的抵消，這樣公司會無利可圖。不但如此，公司實際上還會造成很多不應有的損失，比如管理成本的損失，還有業務人員信心成本的損失，這些損失都是非常大的。

(2)沒有助銷。

作為廠家，應該竭盡全力地設法幫助顧客在最快時間內把產品銷售出去。如果顧客的產品不能及時銷售，也就相應沒有能力償還貨款，廠家也就不能及時收回貨款，得到的結果只能是顧客的退貨。

(3)貨物存放過久。

貨物存放的時間過久自然就會成為過時的商品，消費者會對此類商品極大地失去興趣，此時顧客也會提出退貨；貨物存放一段時間後，由於市場銷路不暢，此時顧客也會提出退貨。所以貨物存放時間太長也是導致顧客退貨的原因之一。

(4)爭取業績。

業務人員為了爭取更大的業績，過度銷售產品，其結果不是顧客把付款期限拉長，就是把貨物退回，所以為爭取業績而過度銷售產品也是導致退貨太多的原因。

7 如何分析呆帳形成的原因

　　呆帳這個名詞來源於銀行業的呆滯貸款與呆帳貸款。呆滯貸款是指雖然沒有逾期，或逾期未滿規定年限，但有下列情況之一的貸款：借款人被依法撤銷、關閉、解散，並終止法人資格；借款人雖未被依法終止法人資格，但生產經營活動已停止，借款人已名存實亡；借款人的經營活動雖未停止，但產品無市場，企業資不抵債，虧損嚴重並瀕臨倒閉。列入呆滯貸款後，經確認已無法收回的貸款，才列入呆帳貸款。呆帳是指具有上述特徵的應收帳款。形成呆帳的原因很多，只有認清了呆帳形成的原因才能對症下藥，採取有效的手段對呆帳進行催收。一般來說形成呆帳的原因有：

1. 企業自身信用管理體系的缺陷

　　(1)信用管理部門對沒有資格享受賒銷額度的客戶進行賒銷是形成呆帳的重要內部原因之一。例如對客戶提供的虛假的財務報表等涉及資信狀況的信息沒有察覺，或者沒有對客戶的資信狀況變化做及時的追蹤調查，從而錯誤地對客戶的資信狀況做出評價，授予不適當的信用額度，選擇錯誤的結算方式或結算條件等。

　　(2)信用管理部門和財務部門以及銷售部門之間缺乏溝通也是形成呆帳的重要內部原因。例如財務部門沒有及時提供客戶的付款情況信息給信用管理部門，信用管理部門就不能據此做出合理的判斷。信用管理部門如果不能將客戶的資信狀況通知銷售部門，銷售部門經理有可能對資信狀況不良的客戶授予臨時的信用額度。

　　(3)對客戶拖欠應收帳款追討不力也是形成呆帳的重要內部原

因。對客戶的應收帳款應當實施嚴格的監控，發現拖欠的苗頭就應當採取措施，或者要求客戶提供擔保，或者要求其立即償還貨款，並對賴帳的客戶採取仲裁或訴訟手段收回貨款。

對於由於信用管理體系缺陷所形成的呆帳的預防，企業只有苦練內功，建立科學的信用管理制度，選擇合格的信用管理部門經理和工作人員。打鐵還要自身硬，這是減少呆帳最根本的辦法。

2.與客戶之間的糾紛

與客戶進行交易過程中簽訂的合約是同時明確雙方權利義務的法律文件，但是有時雙方會由於對合約條款的不同理解，使得供求雙方在貨物品質和數量、運輸方式、運費承擔、交貨時間、付款方式、付款時間、售後服務等方面存在分歧。這種分歧的存在並不少見，對此雙方可以自行協商解決，也可以透過調解解決，還可以透過仲裁或訴訟解決。透過仲裁或訴訟有時要耗費相當長的時間，由此形成呆帳的可能性也就非常大。

對這種情況形成的呆帳，企業的對策只能是建立和完善嚴格的合約管理制度，並對合約的履行情況進行控制。

3.客戶經營陷入困境

企業經營的好壞，一方面受市場等外在因素的影響，另一方面受自身經營管理方式的影響。市場發展，一方面為企業的生存和發展提供了更為廣闊的空間，另一方面也使得企業之間的競爭更加激烈。在市場競爭激烈的情況下，一些企業可能因為缺乏長遠的經營發展戰略，或者對成本控制不力，或者開拓市場受阻，或者產品升級換代不能適應消費者消費偏好的變化等原因造成經營不善；或者受外部各種因素如新的強大競爭者的加入，對所生產產品的產業政策發生不利變化等的影響，而財務狀況發生困難，導致贏利能力下降或出現虧損，

現金流轉不暢，出現暫時性的資金緊張，難以按期償還債務。

對於由於客戶經營陷入困境而形成的呆帳，企業所採取的措施就是對客戶的資信狀況信息及時進行更新。

4.客戶有意佔用企業資金

目前許多企業的資金不足，佔用其他企業的資金就成為一個非常現實的選擇。在現實的信用環境下，有的企業養成了一種習慣，就是即使有錢也不及時歸還。

對這樣的客戶，企業就應當提醒其不要因為還款不及時而影響其在市場上的聲譽，從而促使其及時還款。如果客戶還是不能歸還貨款，企業就要採取電話收款、收帳信收款、上門催收、仲裁或訴訟收款方式收回貨款。

5.商業欺詐

有一些詐騙分子利用合約實施欺詐，由此而形成的呆帳收回的可能性不大。預防商業欺詐形成呆帳的關鍵就是及時察覺，在詐騙分子轉移資金之前採取措施，以防止造成損失。

呆帳的形成主要與以上這幾種情況有關。企業應當針對呆帳形成的原因採取相應的措施，才能最大限度地收回超過信用期限的應收帳款，從而提高企業效益。

8 如何進行應收帳款的跟蹤管理

應收帳款跟蹤管理是現代企業信用管理的一項重要組成部份，它屬於繼制定信用政策、批准賒銷的事前控制之後的事中控制。

應收帳款跟蹤管理就是從賒銷過程開始，到應收帳款到期日，對應收帳款的整個回收過程實施嚴格的跟蹤、監督，確保客戶正常支付貨款，從而最大限度地降低逾期應收帳款的發生率。

1. 實施應收帳款跟蹤管理的好處

⑴有利於與客戶及時溝通，保持良好的業務關係。大量的貨款拖欠案中，有相當一部份是由於雙方在貨物品質、包裝、運輸、貨運以及結算上產生糾紛導致的。應收帳款跟蹤管理的出發點就是以合作的態度與客戶進行溝通，及時瞭解客戶的反應、要求，解決可能產生的糾紛。這樣，就為客戶按時付款清除了障礙，維護了與客戶的良好業務關係。

⑵給習慣性拖欠的客戶施加一定的壓力。企業中拖欠貨款、貸款或稅款的現象非常普遍。有些企業拖欠貨款並非惡意拖欠，屬於習慣性拖欠。對這類客戶，在整個應收帳款回收過程中，要與之保持密切聯繫，經常提醒、催促付款，使之感覺到債權人的壓力。在這種情況下，面對眾多債權人，客戶會選擇管理嚴格的債權人優先付款。

⑶及時發現信譽不良和惡意拖欠的客戶。透過與客戶保持不斷的聯繫，可以及早發現一些拖欠貨款的不良徵兆，如客戶經營困難、人事機構調整、法律糾紛、資產轉移等，以便及早採取應對措施。

⑷有利於及時收回貨款，縮短應收帳款的回收期限，減少壞帳損

失，保證資產的流動性和安全性。實施應收帳款的跟蹤管理，給客戶不斷施加壓力，監督客戶付款，可最大限度地收回貨款，減少壞帳發生的可能性，從總體上縮短應收帳款的回收期限，減少企業壞帳損失——花費在收回拖欠帳款上的時間、人力、物力和財力，保證資產的流動性和安全性。

2.應收帳款跟蹤管理的實施

⑴出貨日，建立應收帳款檔案。企業可預先設計統一編號的「四聯賒銷責任書」，載明欠款單位、法定代表人、經手人、位址、電話、發貨日期、貨名、規格、數量、金額、本單位經辦人、責任人和款到日等內容。

出貨日，第一聯業務人員存根，第二聯交給客戶信用管理人員歸檔，第三聯財務入帳，第四聯用於記錄責任人回款情況。第四聯平時留在財務部門，把欠款額登記在回款記錄的借方，交款時記貸方，並由收款人簽章。隨時結出欠款額，欠款結清後抽取第四聯退給責任人，並根據回款情況對相關人員進行獎懲。

表 1-8-1　四聯賒銷責任書

欠款單位	法定代表人	地址	電話	發貨日期	貨名	規格	數量	金額	本單位經辦人	責任人	款到日

⑵貨到日的查詢。業務人員估計貨到日，要主動以電話或傳真與客戶取得聯繫。詢問客戶是否收到貨物，根據發貨單查收貨物數量是否正確，包裝是否損壞，接貨是否順利等。業務人員要表示對客戶是

否收到貨物的關切，並注意客戶是否有異常反應，同時記下到貨日期。若客戶發來傳真，要保留並歸檔。

⑶貨到 1 週後，對貨物滿意度的查詢。此時，業務人員要再次以電話、傳真或信函方式與客戶取得聯繫。詢問客戶對貨物的查收情況，例如：訂單貨物的規格、型號、種類、數量是否正確，貨物在運輸過程中是否有損壞、變質等意外情況發生，客戶對貨物品質是否滿意等等。

正常的客戶如果對貨物有什麼不滿會馬上做出反應;而蓄意拖欠的客戶此時的反應可能是含糊其辭或做出某種暗示，其提出的一些問題往往是以後糾紛的起因，拖欠的藉口。所以這時業務人員要仔細分析客戶的反應和提出的問題，辨別其真實目的，以便儘快採取措施。

⑷提醒客戶付款到期日。在貨款到期前 1 週，業務人員要再一次與客戶聯繫，視客戶情況，選擇錄音電話、傳真、電報、快信甚至登門拜訪等方式。瞭解客戶對交易的滿意程度，並提醒客戶貨款的到期日，瞭解客戶的支付能力，同時暗示客戶按時付款的必要性。注意客戶對按時付款的反應，並保留客戶的來電、來函等資料，以備日後必要時作為法律訴訟的依據。

⑸貨款到期日的催收。在貨款到期日的一兩天內，應與客戶直接聯繫，詢問其是否已將貨款匯出，如還沒匯出，詢問其原因。對按期付款的客戶給予感謝和鼓勵性回覆，進一步加強與客戶的良好關係。對未能按期付款的客戶，以函電形式進行催收或親自上門瞭解情況。

這一階段要保持與客戶的良好關係，措辭要禮貌、週到、嚴謹，並體現出對按期收款的關切和信心。

⑹及時報告到期未付的情況。如果客戶在超過貨款到期日 3 天仍未付款，業務人員應將逾期未付的客戶名稱、金額、未付原因等情況

立即報告經理和財務部門，以便將發生逾期欠款的客戶納入早期逾期應收帳款催收管理範圍。

實施應收帳款跟蹤管理，就是要以合作的、非敵對的態度與客戶溝通，對客戶施加適當的壓力，督促其付款，從而最大限度地提高應收帳款的回收率。

9 貨款回收的關鍵環節

提高收款工作的質量，根本的問題是加強管理，主要是處理好以下幾個關鍵的環節：

1. 收款工作目標化

目標化是收款管理工作的基礎。正確的實施目標化，首先要求企業結合銷貨情況確定不同時期的收款目標，並把它寫進每一個時期企業的銷售計劃中。

收款工作的目標化不僅僅意味著企業收款目標的確立，最關鍵的步驟是對企業總體的收款目標進行科學的分解，最終細化落實到每個銷售員身上。對於企業而言，收款目標的分解應從兩個層次展開：

(1)收款項目分解。通常根據產品的正常與否進行歸類，如把外欠款區分為產品正常的欠款、不正常的欠款、已被拆下庫存的欠款等。根據這種劃分，列出應收的重點款項和非重點款項，並在管理工作中有所區分。收款項目的分解也可以按時間分解，例如對於產品正常的外欠款，又可以區分 1997 年款、1998 年款、1999 年款，並據此制定出不同的收款政策。

⑵對於歸類分解的收款項目,應結合市場劃分和合約簽約情況進行合理的分配,落實到每個銷售人員身上。這項工作非常重要,也是確保收款業務正常開展的前提條件。這要求銷售部門在實施目標管理中,不能僅僅把收款任務下達給下屬部門,還要責成各下屬部門結合銷貨情況進行分解並逐項落實。只有這樣,收款工作的目標化才具有實際的意義。

2.收款工作激勵

收款工作的激勵包括獎勵和懲罰兩個基本的方面。這兩個方面對於收款工作的順利開展都是必要的,但應以獎勵為主。為了正確貫徹激勵的原則,銷售部門必須根據對象的差異作出區分性安排。

⑴對銷售人員的激勵。目前一些企業對銷售人員的激勵主要依據「預付款項」和「貨款回收時限」兩個標準進行評估,但企業應該進一步反思有關收款的若干規定,以便力求使之合理化。由於銷售工作面臨著複雜的情況,為保持一定的靈活性,企業有必要在收款問題上作出一些特別的規定。諸如全款提前到位的獎勵問題,預付款與餘款的相關性問題,非銷售原因而導致的欠款問題,特別客戶的收款問題等,均需作出詳細的說明。

⑵對部門主管的激勵問題。在多數情況下,收款工作的督促與落實,主要依靠各級主管部門,因此應在獎罰措施上給予體現。當然,企業可以依據收款性質的不同或數量的差異,而確定不同的獎罰標準。例如對於舊欠款的獎勵額度要大些,而對於新款的獎勵額度可以相對小些。

⑶對客戶的激勵。收款工作的好壞不完全取決於企業內部的管理工作,還與客戶的合作態度密切相關。為了刺激客戶付款的積極性,可以在總的價位上作出讓步,也可以在零配件供應、工程安裝、附加

贈品、售後服務等方面提供特別優惠。

3. 評估與指導

對收款工作的評估和指導是確保收款任務能否實現的基本環節，這實際上意味著企業要加強對收款工作的監督與控制。首先，銷售部門的主管要確立銷售工作的戰略導向，把收款工作作為銷售工作的基本環節，特別是那些列入重點收款項目的應收款，應責成有關部門加大工作力度。其次，作為基層部門的主管，也要對本部門的收款工作作出通盤考慮，要善於根據每筆外欠款的性質和特點，指導銷售人員搞好收款工作。必要的話，還要求親自奔赴收款工作第一線，配合銷售人員完成艱難的催款任務。總之，制定貨款回收政策應遵循：

(1)只有貨款回收了才算完成銷售任務；

(2)鼓勵現款現貨，不明確規定回收期限（如 3 個月）前回收獎勵或限期後回收罰款，防止銷售員主動放寬收款期限，把一些本來可以立即收款的期限放寬，一旦情況變化造成被動。並且防止銷售員接近期限再追款，甚至寧願認罰，而挪用貨款；

(3)應統一價格政策，一般不應設浮動部分讓業務員自行談判，造成價格不一致。可以在統一價格的基礎上，給銷售員提取業務費用和獎勵；

(4)應制定收款優惠政策，鼓勵用戶及時回款；

(5)能討回現款的，絕不能放寬口子要承兌匯票，以減少貼息損失；

(6)不到萬不得已的情況，不用轉抹帳的方式收款，這種方式損失太大，也容易養成客戶有款不願給，能抹則抹，更容易養成業務員的懶惰，能抹帳回收就不努力要現款；

(7)公司應把收款管理作為銷售管理的重點，並應建立起貨款回收調度制度。

10 各部門群策群力，收回貨款

　　有許多業務員將「推銷」視為是「出售」，而把出售貨品後的「收款」當作是幫助會計部門收清貨款的附帶工作，甚至認為，徹底執行收款工作必會妨礙銷售工作的拓展，這種「重業績，輕收款」的觀念，不應再繼續誤傳；企業經營者要承擔本身失教的錯誤，並應當實際地負起教導「完全銷售」這種新理念的責任。

　　正統的「完全銷售」的新理念，注重「收款導向」，亦即善用有效的收款活動來創造營業利益，推銷貨品不過是利益的發生階段，一定要將貨款「現金化」，營業利益才能實現。

　　傳統的教導業務員，一律是創造業績和利潤的訓練內容，多偏向於商品知識、推銷技術的運作、作法等訓練，少有實施利潤導向、收款導向為中心的理念訓練；為使業務員能建立起以「完全收款」而創造更多業績的新觀念，並培養熱愛收款工作的責任心，可先從業務代表的職前訓練著手，主要重點是：

· 收款是推銷成功的主要關鍵，沒有收款，就沒有再推銷的機會。
· 收款是推銷成果現金化的具體方法，也是創造營業利益的不二法門。
· 收款是業務代表最富有成就感的工作，忠於收款的業務代表，必能獲得顧客和公司的信賴。
· 收款工作的完成，可以直接增強銷售勇氣和士氣、強化推銷能力，增進推銷實績。

經營者除了在職前訓練中實施收款理念的心理建設之外，亦應經

常利用在職訓練的機會，禮聘專家來作現身說法。

其次，企業可以制訂問題帳款管理辦法，來加重收款工作的責任感、義務感；所謂問題帳款是指業務員在銷貨過程中發生被騙、被倒帳、收回票據無法如期兌現等事項，上術事情發生時，業務員應即時提出報告，與營業主管充分合作處理，爭取追索時效，以確保銷貨權益；如業務員不依問題帳款管理辦法各項規定辦理或有瞞騙勾結行為，致使公司權益受損，則可依倒帳賠償規定，責令業務員負責賠償，以示懲戒，情節重大者並得移送法辦。

公司大了，外債就多，部門多了，就要善於聯合催款。業務、財務和行銷三個部門的主管，應定期展望「群策群力，使應收帳款的數字能經常達到歸零」的最佳境界。

時下許多企業業績掛帥，生意做得很紅火，乍看之下，帳面收入十分可觀。仔細結算，雖小有盈餘，卻因舉債經營，賺到的錢還不夠支付利息，時間一久，就債台高築，負債累累，資金週轉不靈，最後發生「黑字倒閉」。

為了避免「黑字倒閉」，企業經營者一定要注意保持公司財務資金的充裕，並且要定期做好「應收帳款管理」工作。

應收帳款是信用交易下的產物，管理得當就能提高企業資金營運的效率，防止貨款收回的遲延。

收款管理的首要目標就是依據公司的財務結構和營運上的需求，明確控制應收帳款，唯有這樣，才能在競爭激烈的商場上不會因為日漸擴大的銷售規模，而造成應收帳款漫無限制地膨脹。

微利時代下，倒閉的企業很多，其中高達80%的都患了資金缺乏的貧血症；至於造成資金缺乏的最關鍵因素，通常是因應收帳款管理不善導致資金週轉率降低，現金流出現問題。

應收帳款管理的成效影響到企業資金的週轉，預防呆帳、降低資金週轉風險，就不能忽略應收帳款管理。

1. 制定控管應收帳款的制度和流程

最適當的應收帳款，究竟是多少呢？由於每家企業的信用、行銷、財務政策不同，當然就很難定出一個具體的數目，不過，最理想的狀況就是在各個會計週期期末結帳時，滯留在帳簿上的數字歸零。當然，這只是一個理想的目標，事實上，很難有企業達到如此卓越的水準。

理想歸理想，但是，還得朝理想努力邁進才行。究竟如何達成應收帳款接近零的理想目標呢？

為了做好應收帳款管理，經營者要組織業務、財務、行銷三個部門的最高主管定期開會，對「行銷策略」、「信用策略」、「收款策略」、「財務政策」、「收款績效」、「業績」等課題作評估、檢討，同時，尋求改善的辦法，進一步制定出更加完善的「全面訂單管理」(TOM)和「財務控管」的制度、流程。

在講求團隊合作的時代裏，財務、業務、行銷三個部門彼此要合理分工，各司其職。同時，也要相互支援，建立共識，才能把應收帳款管理工作做到盡善盡美的境界。

財務主管為了完成規劃和控制企業現金流量，可以間接地對業務「收款政策」和「收款效率」加以有效的督促；尤其是借由「現金預算」來督促業務部門，去切實完成其預定的收款目標。

行銷主管為了執行預定收款目標，自然需要正確可靠的數據資料，來斟酌制定更為細緻的目標，因部門、客戶、地區的不同，目標也有所不同。此時，財務主管應當主動定期編制各種不同的管理報表，如《業務代表的收款績效表》、《不良客戶逾齡帳明細表》、《客戶

應收帳款帳齡明細表》、《客戶應收款項週轉率比較表》以及《呆帳金額、原因分析表》，供業務部門參考和管理之用，行銷主管就可以好好利用上述的數據，然後根據過去的「收款經驗」，要求業務代表提高預期應收帳款收回的比率。現簡述其辦法如下。

假設某業務代表最近一年來的應收帳款收回比率情況如下：

(1)出售貨品當月收回應收帳款 85%。

(2)出售後次月收回應收帳款 7%。

(3)出售後第三個月收回應收帳款 5%。

(4)出售後第四個月收回應收帳款 2%。

(5)無法收回成為呆帳 1%。

行銷主管為提高收款速度，則可以要求該業務代表的應收帳款收回比率如下：

(1)出售貨品當月收回應收帳款 88%。

(2)出售後次月收回應收帳款 10%。

(3)出售後第三個月收回應收帳款 1.5%。

(4)無法收回成為呆帳 0.5%。

2.擬定有利的收款策略

行銷主管也可以不定期地要求財務部門編制違約付款的特別數據，並從該數據中分析每個客戶違約付款的比率，然後針對這些違約付款的客戶，制定更為安全的、有利的收款策略，例如：

(1)降低該客戶的信用等級、額度。

(2)要求以較短的貨款期限交易。

(3)利用現金折扣方式交易。

(4)要求預付貨款。

同時，行銷主管可以再根據客戶的不同等級，來精確地預估其呆

帳發生的比率,使「收款計劃」更能與實際情況相吻合,縮短實際和計劃之間的差距。

在「現金交易」的情況下,幾乎用不著應收帳款管理。雖然,現金銷貨是企業經營者企盼的理想目標,除了一般店面零售、街頭銷售和特殊的強勢商品之外,實際上,絕大部份的交易都透過「信用賒銷」的方式來進行。從賣方交付貨品起到收回現金之間有一段「時間」存在,這段時間,理論上稱為「信用期」,俗稱「帳期」。

廠商對客戶實施「信用交易」,給予客戶的帳期越長,對客戶的價格減讓實際上越大。假設有兩家貨品品質和價格相同的廠商向客戶推銷,其中一家要求在貨到後 30 天結清帳款,而另一家則給予 60 天的帳期,如果其他條件都完全相同,毫無疑問,絕大多數的客戶,都會選擇那家提供有 60 天信用帳期的廠商與之交易往來。因此,在激烈的商戰中,「信用期」也成為市場競爭中爭奪客戶的一種強力籌碼。

3.大家齊心協力是減少應收帳款的不二法門

企業可以瞭解到要做好「應收帳款管理」,使會計期末結帳時應收帳款能達到歸零目標和提高應收帳款的週轉率,不僅行銷部門要盡心盡力做好全數收款的工作,還需財務部門經常提供精確的數據報告。作為計劃評核的依據,更需要靠行銷部門充分努力將自己的商品造就成為強勢商品,這樣才能擁有較大的調整信用期的彈性。如果有三個部門的配合和支持,應收帳款的歸零管理自當會臻於盡善盡美的境界,此時收款催債何難之有?「黑字倒閉」又何患之有?

第二章

企業的信用管理部門編制

1 信用管理部門的組織方式

正常的企業運作，需設置專業營業推銷的部門，還需設置有職司信用管理功能的部門，此部門可以獨立運作，也可以依附在其他部門之內。

信用單位的組織配置，依公司的特性為之，並無絕對的原則可循，不過一般公司信用單位的配置，大致有下列四種型態：

1. 信用單位附屬於行銷部門內。

2. 信用單位附屬於財務部門。

3. 設置獨立的信用部門。

4. 信用委員會。

對於信用管理部門（或簡稱為信用部門），企業人士常有不正確的見解。企業必須有正確的觀念，需特別強調的是，降低信用風險並

非是信用單位的事，必須要其他單位的相互配合。例如外勤人員應該提供市場上的資料，及客戶的營運狀況；財務及會計部門亦須在客戶往來的記錄上，回饋有關資料，給信用單位參考並更新資料。高階管理當局更須參考環境，同業的作風，以及公司資金的調度，在信用政策上做適當的修訂，以提供信用單位在徵信時有個遵循的規範，並在授信作業時做為依據的指襯。

因此，降低信用風險不單單是信用單位的職責，也不全是業務人員的任務，必須在內外勤人員的互相配合，及企業相關部門的支援下，才有辦法做好信用管理。其優劣分析如下：

1.第一種方式：信用單位附屬於行銷部門內

若經營者比較偏好將信用單位附屬於行銷部門內，經營者是考慮到信用單位與行銷部門有密切不可分割的關係。將信用單位配屬於行銷部門內，行銷主管較易發揮統一控制的功能。

(1)優點：

①行銷部門與客戶及經銷商經常接觸，較其他部門直接而頻繁、亦較容易搜集信用資料，實施徵信。

②行銷部門可以掌握和訂定信用條件，諸如信用期間、信用額度、現金折扣等，來做成促銷的手段，有助於銷售業績的達成。

③在行銷主管的統轄及控制下，銷售人員及信用人員較能有效溝通，減輕雙方的對立和磨擦，有利於銷售的成長，進而提高產品的市場佔有率。

(2)缺點：

①為了要達成銷售業績，對客戶的風險程度，只做形式上的評估，並未實際深入的瞭解，反而替企業製造出許多呆帳。

②信用人員受行銷主管的管轄，立場較難客觀，對客戶的信用情

形難免會產生報喜不報憂的現象。同時，由於上級的壓力，使信用人員在授信的過程中，往往失去客觀公正的立場，勉強的允許賒帳。

③行銷主管較不注重信用條件的控制，由於主觀的利益，或為了做人情，會將條件放寬，因此信用人員往往無法發揮制衡及控制的力量。

2.第二種方式：信用單位附屬於財務部門內

為了使公司的財務作業能統籌規劃，有許多企業則將信用單位配置於財務部門內，因為信用授予的大小與財務管理有相當密切的關係，例如：財務規劃、資金調度、投資動用、利潤規劃、預算控制，都必須考慮到信用授予的程度。同時，財務及會計部門亦提供給信用人員很多基本資料，諸如帳齡分析，應收帳款額等。因此，信用單位附屬於財務部門內，也能發揮相當大的功效。

(1)優點

①財務部門可以給信用人員迅速提供客戶訂單、帳齡分析、應收帳款餘額等基本資料，使信用單位能夠在最短的時間內，做成授信決策。

②財務主管可以由會計資料瞭解企業本身資金運轉的情形，對於信用政策及收款政策作彈性的調適，使企業投入在應收帳款上的資金，可以維持在合理的水準。透過催帳的功能，也可以加速收回貨款，供企業靈活運用，以降低財務成本；亦可為維持銷售的成長，放寬信用務件，來配合成長策略的進行。

③財務人員的作風較保守，對於賒銷的核准均持慎重的態度，加以考慮。同時對於行銷部門積極的措施，可發揮制衡的作用，降低企業的信用風險，亦使呆帳維持在相當低的水準。

(2)缺點

①由於過分重視於降低呆帳，減少信用風險，往往使授信趨之過嚴，而妨礙企業銷售業績的成長，在競爭上失去了制敵的先機。

②財務部門與銷售部門人員，由功能不同，所站的立場亦對立。雙方對於信用政策的看法不同，如將信用單位配置於財務部門內，難免有偏袒之嫌。因而發生的爭執難以避免，進而大大影響雙方部門的士氣及績效。

3.第三種方式：設置獨立的信用部門

鑑於財務及行銷部門基本在功能上是對立的角色，因此將信用單位配置在財務或行銷部門內，都不免失去客觀對立的立場，使企業的授信作業，不是偏向行銷，就是太過保守穩健。因此，另一種方法是將信用單位獨立於行銷及財務部門之外，設置獨立的信用部門，讓信用主管執行職務時，有其客觀的立場，受財務或行銷部門本位主義的影響，是可行的方法。

(1)優點

①信用部門主管，可以依客觀、獨立的立場來設定信用政策、信用期間、賒銷限額，而不受財務或行銷部門本位主義的影響，因而，信用部門主管執行其職務時有其客觀性和權威性，容易被接受。

②避免行銷主管為了業績而採取過分寬弛的信用政策，導致巨額的呆帳損失，或避免財務部門因為採取過分嚴緊的信用政策，而喪失了提高市場佔有率的契機。

③設立獨立的信用部門專門執行信用管理，且直屬總經理督導，對其有關事項負責。這樣，當信用業務在執行時，對於信用管理不當而產生巨額呆帳損失後，其責任的歸屬，亦較明確。

(2)可能的缺失

要確實發揮信用管理，降低呆帳的功能，以設立獨立的信用部門，直屬總經理督導，為較佳方式。但是，在執行職務時，應注意下列幾點：

①信用部門主管應多與行銷、財務部門主管溝通，不可自以為是，阻撓公司業務的推廣。決策的著眼點，應以對公司整體最有利者為之。

②信用部門在推行信用業務時，能夠瞭解其決策之所以被尊重，乃是由於其具有超然獨立的立場。所以信用部門對於行銷部門訂單的核准，賒銷限額的設定，應該依照增加銷貨利潤及降低信用風險兩個目標來權衡，不可憑自己的喜惡，無故放寬信用，亦不能過於穩健保守，才能獲得財務及行銷部門的尊重，信用政策才可以順利推行。

③信用部門多為後勤單位，其職務之所以能推行，有賴於行銷部門提供市場上的客戶資料，同時亦須財務部門提供客戶的歷史資料，才能達成降低呆帳風險的目的。因此，信用主管應儘量與行銷、財務部門維持良好關係，切不可剛愎自用，自以為是，而妨害公司整個業務的推行。

4.第四種方式：由公司管理階層組成信用委員會

在公司推行信用管理過渡時期，如果能由管理當局所組成的信用委員會來推動，較容易進行。由於有關的信用政策施行的因素，已在委員會內由高階主管溝通，其推行的阻礙較小，執行的較為徹底。

信用委員會並非固定的編制，它是以總經理為主席，由公司內行銷主管，財務主管或其他有關部門主管所組成，以定期（每週或每月）或不定期的形式召開。

此法有優點，可表示公司相當重視信用管理，使信用管理體制能

確實有效地推行，並可使立場不同的部門主管，在會議上充分溝通，使制定出來的信用政策，可以有效的達成公司整體的目標。

除上述優點，信用委員會必須達成以下的重要功能：

考慮公司的經營目標、經濟狀況，同業的措施及公司資金等因素，作成信用政策。包括信用條件、賒銷限額及收款政策，同時對於績效衡量的標準及獎懲措施，作政策性的規定。

對於金額巨大的授信案件，及對公司經營有重大影響力的案件，凡超過執行單位的許可權者，均須提報信用委員會決議。

5.結論

信用單位配置的方式，有上述數種，各有其利弊，企業經營者可以根據自己企業的現況，及未來將採行的策略，來選擇最適合本身的配置方式；同時部門組織的配置，是為了達成企業的目的而設，應配合企業成長變遷而有改組，儘量避免企業的成長受制於僵硬的組織而無法動彈。

有關信用單位配置的原則：

(1)在一個成長的公司，或產品尚在成長期的公司，其公司的策略可能是追求市場佔有率或更多的銷貨，公司內部的政策及組織為配合此策略，多趨向於支援行銷部門，這時可能信用單位配置在行銷部門內，較能達到此策略的完成。

(2)在一個產品已達成熟期或衰退期的公司，由於競爭激烈，利潤微薄，大量降低成本已成為生存之要素，公司已無法在微薄的利潤下，再承受呆帳的損失，制度化是必然的趨勢，此時信用單位以配置在財務部門內，或獨立成為一個信用部門為宜。

(3)在信用管理剛引入公司時，以信用管理委員會的方式來推動較為積極。同時，亦可將信用單位配屬於財務部門或行銷部門；而有關

信用策略的決定，則由信用管理委員會依公司的策略來訂定，同時對於金額大，或影響力遠的案子，亦可由信用管理委員會來審核，較能面面俱到。

2 如何在企業內部設立信用管理部門

信用管理部門的基本職能是收集客戶信息、負責客戶檔案的管理、分析和評價客戶資信狀況、確定客戶信用額度、控制發貨、應收帳款監控、對逾期應收帳款進行催收、委託專業機構追討應收帳款、採取訴訟手段追討應收帳款等。為了完成上述基本職能，就要為信用機構配備與工作要求相適應的、具備相關素質的工作人員。

1. 選聘信用管理部門人員

信用管理部門經理直接負責企業信用管理和應收帳款管理，一般由總會計師或財務總監直接掌控。在越來越多的企業中，信用部門經理直接向執行總經理彙報。特別是在許多跨國公司以及他們的海外子公司中，信用管理部門經理的級別更高，通常設信用總監或由副總裁兼任信用經理，並是董事會成員之一。

由於信用機構經理的重要性，要求選聘的信用機構經理必備的素質有：

⑴信用管理部門經理要精通信用管理知識並具備相應的實際管理經驗。作為信用管理部門的總負責人，要求其知識面非常廣，需要具有財務會計、財務管理、市場行銷、管理統計、管理學、信息檢索、商法、民法、國際貿易、經濟學等方面的專業背景。

⑵具有較強的協調能力。信用部門經理要能夠選擇合格的信用管理人員，並能領導為實現信用管理的各項工作而共同努力：善於協調、處理信用機構內部關係，協調和財務部門、銷售部門以及供應部門之間的關係。

2.選聘客戶管理人員

在信用管理部門經理下面還要根據需要配備若干專業工作人員。在大型的企業中，一般採用的方式是分設若干信用監理人員，分別管理與一種產品的銷售有關的賒銷工作。如果客戶數量較多，還可以在監理人員下面設立客戶專管員。在小企業中不必設立專門的信用管理機構，可以在會計部門中設立一名信用監理，協調處理信用管理事務。

根據客戶管理人員的工作性質，對其素質的要求有：有財會實踐背景、具有較強的溝通能力、熟悉本企業的產品及服務、熟悉獲取客戶信息的方法和管道、善於與各種客戶打交道、熟悉貿易規則和慣例、瞭解相關法律和司法程序。

3.選聘客戶信用分析評價人員

客戶信用分析評價人員的職責是根據收集來的客戶信息資料，對客戶的資信狀況進行評價，並對客戶的信用資料進行保管。他們的評價結果是確定對客戶的信用額度的基礎。在現代企業中，他們的另一項職能是建立和維護信用管理的電腦硬體、軟體和網路系統的正常高效運轉。

從客戶信用分析評價人員的工作性質出發，對他們的素質要求有：熟悉客戶資信評級的技術、熟悉電腦軟體編制和硬體維護技術、熟悉電腦網路技術、熟悉信息管理技術等。

4.選聘應收帳款追討人員

應收帳款追討人員要和客戶直接打交道,特別是要和惡意拖欠的客戶打交道;還要和專業收帳機構溝通,委託專業收帳機構收回應收帳款;甚至要在訴訟追討中與司法部門打交道。對他們的素質要求有:

(1)表達能力強。在採取電話催收時要求應收帳款追討人員有較強的語言表達能力;採取收帳信收款或傳真方式追討應收帳款時,要求他們有較強的書面表達能力,掌握收帳信的行文技巧,語氣適當、邏輯性強。

(2)知識結構良好。包括財務、會計、市場行銷、稅收、本企業所處行業的基本狀況、有關帳款追討的法律法規、心理學和行為科學等方面的知識。

(3)公關能力強。能夠在瞭解客戶的生產經營狀況和特點的基礎上,根據客戶的特點採取適當的公共關係技巧;在與客戶交往中能夠洞察對方的細微變化,做出準確的判斷。公關能力強的追帳人員還要求具有良好的氣質、開朗的性格、較強的自我控制能力等。

高素質的信用管理人員隊伍是出色履行職責的保證。信用管理部門在建立以後,為了維持包括信用管理部門經理在內的所有人員的素質能夠適應環境的不斷變化,並有一定程度的提高,還要定期對他們進行業務的培訓。培訓的方式可以採取內部交流或是請專家到企業講學的方式等。

根據國外的統計資料,為信用管理部門配備人員的數量要參考信用銷售額和客戶數量,如果年銷售額在 8000 萬元以下,並且客戶數量在 200 個以下,可以配備一名信用經理和兩名專業工作人員;如果年銷售額在 8000 萬至 2.5 億元之間,並且客戶的數量在 200 至 500之間,可以配備 2~4 名專業工作人員;如果年銷售額在 2.5 億至 4

億元之間,並且客戶數量在 500～1000 之間,可以為信用管理部門配備 2～5 名專業工作人員;如果年銷售額在 4 億元以上,並且客戶數量在 1000 個以上,專業工作人員要在 6 人以上。考慮到信用環境的特殊情況,每個信用管理人員能夠管理的客戶數量最好不要超過 200 個。

3 信用管理部門的工作項目

一個信用管理部門的管理工作,不管以何種組織、何種部門的方式成立,它的工作項目,至少有下列:

1. 新客戶信用開帳記錄

接受新客戶賒購,應先調查該客戶的信用資料,並核定其限額及有關資料,登記後專案保管。

2. 舊客戶信用更新記錄

舊客戶的信用限額,如有核准增減,應及時修正更新。

3. 應收帳款之列帳

登記應收帳款,是根據開單部門的銷貨發票辦理的,應收帳款的對方科目是銷貨收入,銷貨收入必須與產品結轉銷貨成本同期列帳,使收入與成本配合,損益正確。必須在銷售行為已經發生,權責已經確定時,才能列帳;應收帳款客戶可能很多,各個客戶帳款的總和,必須與應收帳款控制帳戶的金額相等。

4. 應收帳款之收回

應收帳款之沖銷,應於收回客戶貨款、票據,及發生銷貨退回及

折讓時進行。銷貨退回及折讓，應於驗收後，由信用單位核准，再由開單部門之貨項通知單，及雙方折讓協定文件辦理，此文件必須由企業指定之專人核准（通常為信用單位主管）。至於貨款收回，無論是客戶親自繳納，或由銀行彙入存款戶，一律以出納部門之收款通知單為列帳依據，至於票據的收入，則應同時記入票據備忘簿，並填托收單由銀行托收。

5. 呆帳準備之提列

在眾多應收帳款中，可能有一部分無法收回之呆帳，企業為穩健，並使每期損失的負擔合理，可規定提列呆帳準備，提列方法有三種：

· 根據每期賒銷的銷貨收入金額，規定一個百分比提列。

· 按照期末未收回應收帳款增額，規定一個百分比提列。

· 就實際可能成為呆帳的金額提列。

6. 呆帳之沖銷

應收帳款因客戶破產、倒閉，真正無法收回時，應予沖銷，但須有明確規定，並經公司指定有權核准人之核准後，才能辦理。經轉銷後之呆帳帳款，日後如能再收回，收回時以過期帳收入處理。

4 信用管理部門應提供之報表

依工作需要，信用部門至少應提供應收帳款餘額表、帳齡分析表、應收帳款比率等的財務管理報表，說明如下：

1.應收帳款餘額表

每月編制一次，按客戶明細編列，各客戶餘額之總和，應與應收帳款總帳戶之金額相等，目的在確定客戶欠款及全部應收帳款的明細情形。

2.應收帳款餘額與銷貨總額比率

每月及每年提供一次，目的在使管理者明白應收帳款週轉情形。

積存過多應收帳款，可能由於信用條件太寬，或收帳不力，或未能防止呆帳之發生，或對於可能之呆帳損失未能作適當之處理，或已發生之呆帳尚未沖銷，均應予研究改進。

3.期初應收帳款餘額與本期收回金額之比率

每月及每年提供一次，本項資料可顯示收帳績效是否良好，並作為決定今後信用政策參考。

4.應收帳款帳齡分析表

按應收帳款是否逾期分別編報：例如①未到期者；②逾期 1-30 天者；③逾期 1-3 月者；④逾期三個月以上者；⑤逾期一年以上者。

又未到期之應收帳款，亦可再細分①十天內到期，②一個月內到期，③三個月內到期等等，可讓管理者知道尚未收回之應收帳款，何日到期？可收回多少？已經逾期尚未收回者多少？可能成為呆帳者有若干？以便加緊催收。

5.核准沖銷之呆帳單數及金額表

每半年或每年編報一次，並分析呆帳原因，作為決定信用政策之參考。

6.呆帳轉銷後再收回之百分比

每年編報一次，根據百分比大小，作為今後核准呆帳及催討呆帳之參考。

5 建立應收帳款帳齡表的重要性

建立應收帳款帳齡表就是將應收帳款根據應收帳款的時間長短進行時限分類。定期使用帳齡表可以提早發現壞帳趨勢，以便採取適當行動。

根據經驗，可以對不同帳齡應收帳款的收回可能性進行評估，並且用來預測變現率。相對於大企業，中小企業的業務總量、客戶數量、應收帳款的種類較為簡單，因此，使用應收帳款帳齡表是一個非常簡單實用的方法。中小企業將會從應收帳款帳齡表中獲得巨大收益，這也是統計報表的統計功能的最根本、最直接和最有價值的體現。

表 2-5-1 為假定的應收帳款帳齡表，根據該表，有四位客戶滯期應收帳款總額為 100 萬元，只有客戶戊無滯期應收帳款。客戶甲和客戶丁需要進行細緻分析。甲比丁的滯期應收帳款多出 5 萬元，但是丁 20 萬元的滯期應收帳款 60 天到期很可能對未到期的 35 萬元有較大的影響。

另一方面，儘管客戶甲有 25 萬元的滯期應收帳款，但該客戶僅

滯期 15 天。同樣,甲與丁未到期的 35 萬元相比,僅有 10 萬元未到期。兩位元客戶的信用等級都為 A 級。總之,客戶甲是較好的未來現金來源。因此,對於客戶甲,只需要注意其 25 萬元的滯期應收帳款,精力應該放在客戶丁身上。

表 2-5-1 企業應收帳示帳齡表(假定)

客戶/滯期日	甲	乙	丙	丁	戊	總計
120 天	—	—	250000	—	—	250000
90 天	—	50000		—	50000	—
60 天	—	—	200000	—	200000	—
30 天	—	100000	100000	—	—	200000
15 天	250000	—	50000	—	—	300000
合計	250000	150000	400000	200000	0	1000000
未到期	100000	500000	0	350000	300000	1250000
信用等級	A	B	C	A	A	—

　　客戶乙應該加強關注,因為在滯期應收帳款中,該客戶有最大一筆金額 50 萬元處於「未到期」分類中,客戶乙將很快出現最大的滯期應收帳款。客戶丙是所有客戶中滯期應收帳款數額最大的,為 40 萬元。而且,該表說明客戶丙所有應收帳款都已滯期(未到期項為 0),且其信用分級為 C 級,這說明其過去有呆滯付款的記錄,必須立即採取措施向該客戶收取帳款。

6 企業的應收帳款時間分析

　　企業已發生的應收帳款時間長短不一，有的尚未超過信用期，有的則逾期拖欠。一般來講，逾期拖欠時間越長，帳款催收的難度越大，成為壞帳的可能性也就越高。因此，進行帳齡分析，密切注意應收帳款的回收情況，是提高應收帳款收現效率的重要環節。

　　應收帳款帳齡分析，即應收帳款帳齡結構分析。所謂應收帳款的帳齡結構，是指企業在一基本時點，將各應收帳款按照開票日期進行歸類（即確定帳齡），並計算出各帳齡應收帳款的餘額佔總計餘額的比重。

　　帳齡結構向企業財務管理人員提供了應收帳款佔用狀況的翔實資料。通常情況下，賒銷信用期越短，應收帳款的過期數額、比重及壞帳風險相應越高。例如，截至 2001 年 3 月底某企業應收帳款餘額中，有 600 萬元尚在信用期內，佔全部應收帳款的 60%。過期數額 400 萬元，佔全部應收帳款的 40%，其中逾期一、二、三、四、五、六個月的分別為 10%、6%、4%、7%、5%、2%，另有 6%的應收帳款已經逾期半年以上。對不同拖欠時間的帳款及不同信用品質的客戶，企業應採取不同的收帳方法，制定出可行的不同收帳政策、收帳方案；對可能發生的壞帳損失，需提前作出準備，充分估計這一因素對企業損溢的影響。對尚未過期的應收帳款，也不能放鬆管理、監督，以防成為新的拖欠。通過應收帳款帳齡分析，提示財務管理人員在把逾期款項視為工作重點的同時，有必要進一步研究與制定新的信用政策。

　　在作應收帳款帳齡分析時，也可以選擇重要的顧客及其餘額，編

制應收帳款帳齡分析表，不重要的或餘額較小的，可以匯總列示。應收帳款帳齡分析表的合計數減去計提的相應壞帳準備後的淨額，應該等於資產負債表中的應收帳款數。

應收帳款帳齡分析表格式見表 2-6-1 所示。

表 2-6-1 應收帳款帳齡分析表格

客戶名稱	期末餘額	帳　　齡			
		1 年以內	1-2 年	2-3 年	3 年以上
合計					

7 帳齡管理的案例評析

甲公司在競爭不斷加劇的情況下，調整了原有的信用政策，適當延長了信用期間、放寬了信用標準，信用政策的修訂使公司銷售增加，但是伴隨著賒銷收入的增長，公司應收帳款也日益增加，對應收帳款的日常管理工作則變得更加重要了。

2006 年 1 月 31 日，按照要求，財務部門的王小姐編制完成了每月一次的公司帳齡分析表，並將其遞交給了公司財務總監李先生。帳齡分析表的內容見表 2-7-1 所示。

表 2-7-1　甲公司帳齡分析表

應收帳款帳齡	帳戶數量	金額（萬元）	百分比（%）
信用期內	200	400	40
超過信用期 1—20 天	100	200	20
超過信用期 21—40 天	50	100	10
超過信用期 41—60 天	30	100	10
超過信用期 61—80 天	20	100	10
超過信用期 81—100 天	15	50	5
超過信用期 100 天以上	5	50	5
合計	420	1000	100

李先生收到帳齡分析表及其相關資料後，進行了仔細地閱讀，發現在超過信用期 100 天以上的客戶中，乙公司是個老大難問題，其拖欠款項時間最長，且金額比重較大，為 40 萬元。於是李先生批示：

針對不同類型客戶制定相應的收帳政策；　進一步獲取、分析乙公司的相關資料，判斷該公司的具體情況，爭取這個月解決這一問題。

1. 數據的採集與分析

按照李先生的指示，相關工作人員開始進行資料的搜集，並開始擬訂收帳政策。初步的方案為：

⑴對於帳齡超過信用期 1—20 天的客戶，由於拖欠時間較短，為了保存市場佔有率，不予催收；

⑵對於帳齡超過信用期 21—40 天的客戶，可以通過寄發措辭婉轉的信件，提示對方已經過期款項事宜；

⑶對於帳齡超過信用期 41—60 天的客戶，可以通過電話催詢；

⑷對於帳齡超過信用期 61－100 天的客戶，可以委派專人與客戶當面洽談；

⑸對於帳齡超過信用期 100 天的客戶，先委派專人與客戶進行措辭嚴厲的當面洽談，如果仍無效果，必要時可提請有關部門仲裁或提請訴訟。

李先生審閱了收帳方案，認可了第 1 至第 4 條措施，但對於第 5 條措施，李先生認為應先瞭解清楚對方客戶的具體情況後方可採用強硬手段，尤其是若採取法律程序更應三思而後行，因而李先生認為應該從這類客戶中問題最為嚴重的乙公司入手，瞭解其實際狀況，再確定具體措施。

對於乙公司的問題，相關人員也在不斷地給予關注，進行了追蹤分析並相繼搜集了有關資料，包括：

⑴該公司的資產負債表及利潤表；

⑵該公司付款的歷史資料；

⑶有關該公司經營現狀的其他資訊。

通過資料的搜集，相關人員對乙公司的基本情況作出總結呈交給了李先生，總結中對乙公司的基本情況進行了描述。

乙公司是 2003 年 1 月成立的一家中等規模的電器商城，主要經營範圍是銷售各種品牌的家用電器。甲公司生產的品牌產品在乙公司由某一專櫃銷售。兩家公司之間從 2003 年以來，不斷地有業務往來。從乙公司付款的歷史資料上看，2003 年，該公司付款狀況尚可，雖然間或有拖欠現象，但是拖延欠款的時間不超過 30 天便可以結清帳款。2004 年以來，乙公司付款狀況開始出現下滑的態勢，拖延欠款的時間逐漸延長，而且每次對其採取催交政策都發現，乙公司不按期支付貨款並非故意或工作疏忽所致，而是確系因為其資金週轉出現問

題。2005 年以來，乙公司付款狀況每況愈下，長時間拖欠貨款。乙公司與本公司之間較大數額交易的付款歷史資料見表 2-7-2 所示。

表 2-7-2　付款歷史資料　　　　截止：2006 年 1 月 31 日

交易發生時間	交易金額（萬元）	付款時間	超過信用期天數
2003.02.10	50	2003.05.30	10
2003.06.05	20	2003.09.28	23
2003.08.12	40	2004.12.07	25
2003.11.07	20	2004.03.09	30
2004.03.15	35	2004.07.30	45
2004.05.10	30	2004.10.15	65
2004.07.01	30	2004.12.15	75
2004.10.10	25	2005.05.03	90
2004.12.25	15	2005.07.15	110
2005.03.08	15	未還	230
2005.05.15	10	未還	165
2005.07.05	15	未還	105

　　通過對乙公司與本公司之間較大數額交易的付款歷史資料的分析，甲公司發現乙公司自成立之日起，該公司的經營狀況、資金週轉情況就不算良好，近期更是走下坡路。依據財務部門搜集的有關乙公司的 2005 年 12 月 31 日的資產負債表及 2005 年的利潤表，更加證明了這一點。

　　甲公司利用乙公司的報表，計算了相關指標，包括：(1)流動比率

=1.15(460／400)；⑵速動比率=0.075(30／400)；⑶存貨週轉率
=1.3(450／350)；⑷銷售利潤率=20%(120／600)；⑸銷售淨利率
=-5.3%(-32／600)。

通過這些指標的計算，甲公司對乙公司的財務和經營狀況大體上
得出如下結論：

⑴流動比率較低，說明該公司償債能力較差，流動負債籌資數額
偏高；速動比率過低，說明該公司利用速動資產償還債務的能力更
差，也說明流動資產中存貨、待攤費用所佔比重大，而待攤費用的主
要內容是該公司的房租費用，因而償債價值低，那麼存貨的週轉變現
情況則起到了至關重要的作用；

⑵存貨週轉率較低，反映出存貨的週轉期間較長，週轉速度慢，
有積壓現象；而存貨變現速度緩慢導致了其償債能力低下；

⑶銷售利潤率為 20%，說明該公司從主營業務中可以獲利，但淨
利潤為負數，則反映出公司的費用支出過大，主營業務利潤不足以彌
補大額的費用，導致虧損。

乙公司目前狀況的產生，是受多方面因素的影響，但歸結起來主
要有：

⑴乙公司所處地理位置不佳，交通條件不甚便利；

⑵公司規模不大，無法取得規模效益，因而所銷售商品在價格上
較之其他大型家電零售企業不具備優勢；

⑶公司經營場所為租賃形式取得，高額的租金費用使之無力承
擔；

⑷家電零售市場競爭激烈，一些大規模的企業分割市場佔有率，
會危及到諸如乙公司這樣的中小企業。

經過上述分析，甲公司決定：

(1)停止對乙公司提供賒銷；

(2)委派專人與其進行當面洽談，如果仍無效果，必要時可提請有關部門仲裁或提請訴訟。

但是就在甲公司作出決定之後一週內，公司獲知有一家大型家電零售企業正準備合併乙公司，雙方正在洽談相關事宜，如若合併成功，乙公司可以擴充，現在的資產、負債便由合併後的公司承擔。面對這種新情況，李先生決定先暫停款項的催收，視合併結果再定方案。

2. 結論

通過甲公司對乙公司進行應收帳款管理的這一案例，可以得出如下所示：

(1)對於已經發生的應收帳款，企業應進一步強化日常管理工作，採取必要措施進行分析、控制，及時發現問題，提前採取對策，使企業在應收帳款上的投資取得理想效果。

(2)對於逾期付款的客戶，特別是逾期時間較長的客戶，應搜集相關資訊，分析其發生拖欠情況的頻率，發生拖欠情況的原因，對不同拖欠時間的帳款及不同信用品質的客戶，應採取不同的收帳方法，制定出不同收帳政策和方案。對尚未過期的應收帳款也不能放鬆管理與監督，以防發生新的拖欠。

表 2-7-3　全部客戶帳齡分析預警資訊

年　　月　　日　　　　　　　　　　　　　單位：元

客戶名稱	賒銷金額	賒銷天數	帳齡時間	欠款金額	超出賒銷金額	超出賒銷天數

覆核員：　　　　　　　　　　　　　　錄入員：

2-7-4　客戶帳齡分析預警資訊

客戶名稱　　　　　　　年　　月　　日　　　　單位：元

賒銷金額	賒銷天數	帳齡時間	欠款金額	超出賒銷金額	超出賒銷天數
欠款原因分析					
經營不佳○　　　資金週轉不佳○　　　強行推銷積壓○ 過多採購積壓○　　故意拖欠○　　　公司責任合約糾紛○ 客戶責任合約糾紛○　遇到意外事故○　要款不力○　其他○					

覆核員：　　　　　　　錄入員：

2-7-5　帳款綜合分析

年　月　日　　　　　　　　　　　　單位：萬元

應收帳款天數查詢條件	欠款客戶數　量	欠款金額	應收帳款總　額	佔應收帳款總額的百分比

覆核員：　　　　　　　　　　錄入員：

8 加強學習收款技巧

由於工商業高速發展，對於企業經營的制度化、目標化與利潤化的經營管理已日受重視，在同業不斷競爭，不是同業也要競爭的客觀環境下，企業想永續經營進而得求發展，推銷無疑是最切身，也最不可忽視的工作，而商品銷售最終的目的，則在於貨款的收回，享受利潤。

貨款的收回是企業能持續經營的必要條件，台語：「娶某是師仔，飼某才是師父」，「賣貨是師仔，收錢才是師父」，證明一個業務員要取得成功，不但販賣能力要強，主要的是能夠及時將貨款收回，才算完成整個工作。但是亦有許多業務人員對於銷售工作蠻熱心，銷貨很多，應收帳款亦很多，只是一談到收款工作時就失去了勇氣。

業務員要有收款觀念，談到收款理念、技巧和方法的學習磨練時，許多從事實際推銷工作多年的業務高手，頗不以為然，而且在言行之間流露出不肯學習的態度；其實，這種夜郎自大、故步自封的態度，或許能得意一時， 無法經得起長期的考驗，最後，必然在推銷戰場上功敗垂成。

還有一些從事推銷工作的業務新人，由於缺乏有效的職前收款訓練和實際的收款經驗，則常視收款為頭疼之事，這些業務新進人員，若未能獲得收款高手的指點迷津，自難在商場上與客戶分庭抗禮。

業務老手自以為是、坐井觀天，視學習收款理念和技能為不務正業，自難在推銷業務上有所精進和突破；而業務生手因先天缺乏教導、後天經驗不足，而難以在收款績效上締造一鳴驚人的佳績，追根

究底，二者都是因為收款技能不足。

　　優秀卓越的收款高手，能夠練得一身的收款武功，其過程只有一個簡單的公式：學習+學習+學習=收款高手

　　所學習的範圍，至少應以下列五種學科為主：

　　(1)行銷學：學習市場區隔方法、收款票期的應用策略、各種銷售通路的收款特性等問題，以便制訂收款策略和應對方法。

　　(2)徵信學：學習徵信客戶方法、重點，瞭解客戶過去付款信用等情報，能擇優汰劣，迅速收回貨款，減低呆帳發生。

　　(3)財稅學：學習銷貨收款會計處理方法，銷貨退回、折讓、贈品處理辦法、呆帳提列標準、法定沖銷憑證等實務常識，能瞭解貨款收回對企業財務結構和資金調度的重要性。

　　(4)法律學：學習票據常識和收受標準，債權確保的方法和呆帳催收的訴訟方式，能減少呆帳的發生。

　　(5)心理學：學習及瞭解客戶行為的心理狀況、態度及各種影響力，能針對其需要，對症下藥，迅速收回貨款。

　　業務員苟能利用公餘閑時，將上列五種主要學科深入探討鑽研、充實自我，再加上實際收款經驗的磨練提升，使「知識」與「實務」一以貫之，才能成為一位卓越的收款專家。

9 信用管理員的培訓

　　營業員信用知識的培養與提高一般有兩種途徑：一是通過個人學習的方式，自我培養；二是通過公司的培訓，提高營業員的信用知識與素質。

一、營業員培訓計劃的制定

(一)培訓的內容
1. 一般知識
⑴本企業過去的歷史及成就；
⑵本企業在所屬行業中的現有地位；
⑶本企業的各種政策，特別是市場，人員及公共關係等政策；
⑷營銷信用風險管理對企業的重要性，公司對營業員的期望及任務安排，營業員應有的工作態度和精神面貌；
⑸受訓的目的、課程內容和程度。

2. 專門知識
⑴信用管理觀念；
⑵信用分析技術；
⑶債務處理技術；
⑷信用管理的組織制度；
⑸客戶的選擇與維護。

(二)培訓的方式

1. 在職培訓

一方面工作，一方面受訓。選用這類培訓的最多，據美國某年的統計，215 家公司中有 72.6%採用此法。

2. 個別會議

由個別銷售人員參加討論的會議。據統計，215 家公司中有 47.9%採用此法。

3. 小組會議

由若干銷售人員成立小組參加討論的會議。據統計，215 家公司中有 19.1%採用了此法。

4. 個別函授

分別函授各個銷售人員。據統計，215 家公司中有工 9.5%採用此法。

5. 銷售會議

在經常舉行的銷售會議中培訓。據統計，215 家公司中有 39.5%採用此法。

6. 公司設班培訓

公司設班做定期的培訓。據統計，215 家公司中有 1.4%採用此法。

7. 通訊培訓

利用通訊教材培訓。據統計，215 家公司中有 1.4%採用此法。

(三)培訓的時間

1. 一般培訓所需的時間

(1)新人培訓：1—2 週

(2)經常培訓

①每日半小時的晨會培訓；

②每週 2 小時的週會培訓；

③每兩年 1 週至 1 個月的在職培訓；

④每五年 1 個月的集中培訓。

⑶進修培訓：時間視需要而定

2.影響培訓時間的因素

⑴視產品性質而定：如產品性質複雜，培訓時間應較長。

⑵視市場情況而定：如市場競爭激烈，培訓時間應較長。

⑶視人員素質而定：如人員素質平庸，培訓時間應較長。

⑷視要求的信用知識的程度而定：如要求高深的信用管理知識，培訓時間應較長。

⑸視管理要求而定：如管理要求嚴格，培訓時間應較長。

⑹視培訓方法而定：如兼用視覺教材，培訓時間可縮短一半。

(四)培訓方案的發展

各企業的銷售情況總有若干程度的差異，故設計培訓方案時必須針對個別企業的需要。某企業的成功方案，很少能用於其他企業。

一般培訓方案的輪廓，多包括下列步驟或程序，請參閱下圖2-9-1。

圖 2-9-1 培訓發展步驟

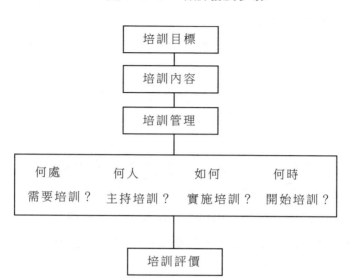

二、確定培訓目標

(一)確定目標的作用

1.協助保證銷售培訓與其他銷售活動和目標的實現

例如,為增加對風險的洞察力,營業員必須接受如何達到此目標的培訓。培訓目標亦與其他銷售目標一樣,是由公司建立的目標發展而來的。

2.提供評價培訓結果的基準

培訓方案是否成功在於通過若干培訓方法後,其目標能否達到。如無目標,則無評價意義可言。

3.指導培訓政策及程序

實現培訓活動常有許多選擇,其抉擇之道依照該活動對於培訓目

標的貢獻多少而定。

4.培養及儲備合適的營業員

旨在教育營業員以配合企業未來發展的需要，以便作出一種較長期的人才投資，切忌斤斤計較短期的收益。

5.規定主持培訓人員必須完成的任務

目標規定主持培訓人員必須完成的任務，也是培訓應堅持的原則。

6.結合受訓人、管理人及客戶各方面的需要

這三方面人士的需要包括：

(1)管理方面的需要：利用培訓以增加銷貨及利潤。

(2)客戶服務的需要：利用培訓提供較多具有價值的幫助，如產品的量與質那方面最能符合客戶的需要。

(3)受訓人員的需要：利用培訓獲取下列各種利益：

①較大工作滿足感；

②較高工作滿足感；

③較強資信；

④晉升機會；

⑤較多工資收入；

⑥較優越的感覺；

⑦較佳的社交地位。

(二)確定目標的方法

1.工作分析

工作分析是一種程序或方法，用以鑑定有效完成工作所需的技能、知識和態度。首先清晰說明組成工作的各種活動，以及完成這些活動所需要的行為，然後列出可獲得工作成果所需要的各要素的完整

系統。換言之，工作分析是審慎及有系統地對收集的有關工作資料進行分析，不必與正在或已經執行的工作發生關係，但須與工作應該完成的方法及其對企業的目標貢獻有關。工作分析可通過檢閱企業文件、觀察該類員工的工作、熟悉工作需要三方面來編寫。

2.人員分析

(1)人員分析的意義

人員分析也是一種程序或方法，用以發掘員工工作時需要具備的技能、知識及態度的程度。當此項資料與工作分析互相配合時，其結果即可用以精確說明培訓的要求。假設通過工作分析發現某一銷售職位需要特殊的專門知識及推銷技能，那麼對所雇人員必須針對此項要求接受適當培訓。換言之，培訓常因工作需要及人員背景的不同而有差異。

(2)人員分析的程度

①針對新雇員、毫無經驗的營業員：可以通過測驗，瞭解他們對信用知識、行業狀況、客戶行為及與工作有關的各方面知識的掌握程度；此外，也可以通過服務演習法（即業務遊戲法）觀察營業員的表現，並以此作為提供測驗的參考。

②針對已有經驗的營業員：可以根據培訓方案評價營業員的工作成效，並予以適當地、有針對性地培訓。

三、培訓計劃的實施

(一)實施的原則

1.標準培訓

所有銷售人員均接受一種共同的培訓方案，也可分設若干不同培

訓教程,由受訓人自行選修,培訓效果可能稍差,但培訓費用可大為節省。

2. 個別培訓

每一個銷售人員接受一種特定的培訓方案,以配合個人的實際需要。培訓效果較佳,但培訓費用大增。

(二)實施的地點

1. 集中培訓

由總公司集中培訓所有銷售人員,凡屬態度和知識的培訓都能採用。其優點如下:

(1)培訓工作可保證徹底實施;

(2)培訓方法可維持滿意水準;

(3)可聘請專門學者和培訓人員;

(4)培訓器材可配合實際需要。

2. 分開培訓

有各分公司分別自行培訓其銷售人員,凡屬市場趨勢、客戶購買行為及推銷方法等都能採用此法。其優點如下:

(1)易於明瞭實際市場情形及客戶需要;

(2)銷售人員可一面受訓一面工作;

(3)受訓人員的來往旅費可以節省;

(4)雖培訓人員及設備略有增加,但培訓較易生效。

(三)實施的人員

1. 專業人員

由有關指導人員或聘請的培訓顧問主持,培訓顧問一般有下列三項工作:

(1)根據培訓政策制訂培訓計劃;

(2)根據培訓計劃編制講授綱要；

(3)根據講授綱要預定講授進度。

2.講授人員

有學有專長並富有信用管理經驗者擔任，一般應具備以下條件：

(1)對於所受課程應徹底瞭解；

(2)對於任教工作富有高度興趣；

(3)對於講授方法應有充分研究；

(4)對所用教材應隨時補充和修正；

(5)應抱熱情可親的態度；

(6)應有樂於研究及勤於督導。

3.受訓人員

對參加培訓人員亦應加以選擇，並需注意下列幾點：

(1)受訓人對於所任工作必須富有興趣，且有完成任務的能力；

(2)受訓人員應有學習的願望，即其個人希望在受訓時獲得所需的知識與技能；

(3)受訓人應有學以致用的精神。

(四)實施的時序

培訓的實施應循序漸進，使新教材與受訓人已知部分相配合，不宜重覆或脫節，以致影響受訓人的興趣或引起知識的混淆。一般實施的時序如下：

1.最初訓練

新人訓練，可使受訓人獲得營銷工作所需的基本知識與營銷信用風險管理的初步知識。

2.指導訓練

當企業成長或產品線變更後，企業的信用政策發生變化，營業員

的知識需更新。或營業員有一地區調到另一地區，亦應瞭解新市場的情況。或生產程序及團體結構變更，宜常列為指導訓練的課題。另外，如果國家有新的有關信用的政策法規發佈，或者銀行的信貸政策有所調整，培訓亦應隨時把握這一類變化。

3.復習訓練

當客戶投訴增加或拖欠的應收帳款增加時，亦應舉辦這種訓練，使營業員獲得復習追討帳款的技巧或討論的機會。即引導推銷員遵循正當途徑努力學習，並在發生嚴重問題時，得以矯正任何不符希望的行為。

四、培訓方法的運用

(一)講授法

這是最廣泛應用的培訓方法，其普及的主要原因在於費用而非效果。此法為單向溝通，受訓人獲得討論的機會甚少，因此不易對講師反饋，而講師也無法顧及受訓人的個別差異。總之，此法最適用於提供明確資料，並作為以後培訓的基礎。講授時必須注意以下幾點：

(1)講師上課前應有充分的準備，如綱要、圖表之類；

(2)利用如何、何時、何地、何故等問題以作說明，並設法與受訓人交換意見，鼓勵他們設想與發問；

(3)講授時能兼用示範為佳，即利用各種視覺器材，如實物、模型或影片等，以加強受訓人的理解；

(4)每次講授時間不宜太長，因聽講人能集中注意力聽講的時間甚短。通常半小時後其興趣即逐漸減低直至消失。

(二)會議法

此法為雙向溝通，可使受訓人有表示意見及交換思想、學識、經驗的機會，且令講師容易鑑別受訓人對於重要教材的瞭解程度，有時可針對某一專題討論，由一組專家加以討論。會議主持應注意以下幾點：

(1)解釋會議的背景、用途及利益；

(2)宣佈討論的目標、任務及方法；

(3)表明討論的計劃、準備及程序；

(4)選擇問題的種類、說明及處理；

(5)特殊實例的應用及討論；

(6)各種說明圖表的計劃及準備；

(7)利用各種器材的模型及電影；

(8)主席對最後結論的歸納及評價。

(三)小組討論法

此即由講師或指定小組組長討論，資料或實例由講師提供。小組人數以少為宜，但可允許一部分人員旁聽。小組領導人應具備以下條件：

(1)具備足夠的知識和經驗，使人信賴尊重；

(2)具有足夠的忍耐與機警；

(3)具有足夠的自製力與虛心；

(4)具有聽取他人意見的習慣；

(5)具有發表自己意見的能力；

(6)具有幽默感；

(7)不做冗長的發言；

(8)不可詢問題外的問題。

(四)實例研究法

此法是選擇有關實例，並書面說明各種情況或問題，使受訓人各就其工作經驗及所學原理，研求如何解決之道，目的在鼓勵受訓人思考，並不著重如何獲得一個適當的解決方案。

(五)業務模仿法

此法是假裝或模仿一種業務情況讓受訓人在一定時間內做一系列決定。隨每一系列決定的結果，業務情況已有變更的可能，如此可觀察受訓人如何適應新的情況。此法的最大優點是可研究受訓人所作決定在若干時間後及不穩定情況下的效果如何。利用此法訓練銷售經理，遠比訓練推銷員為多。

(六)示範法

指運用幻燈片、影片或錄影帶的示範訓練活動。此法只限中小場地及人數，如果主題是經過選擇的，且由具有經驗及權威的機構來製作，則在提高受訓者記憶效果方面是最強的。

(七)自我進修法

這是一種較不受時間、空間約束的訓練方式。但除非受訓者已具實務經驗，而且積極向上，自我改進慾望較高，否則很少有長足的進步。這也適用更高級的專門性訓練，如演講、開會、寫報告等專業知識或技能的訓練。一般中、上級主管幹部會對此運用較多。

五、培訓教材示範

1. 如何防止「貨款回收率太差」（以經銷店為例）

(1)開拓新經銷店時，必須明告付款條件。

(2)找出經銷店最適當的收款時間，進而養成「定期收款」的原則：

必須使經銷店習慣，規定的時間一到，只要本公司業務員一來，就必然要結清貨款。

(3)收款時，不可擺出「低姿勢」。

如：不可說：「老闆，對不起！我來收款。不知道您今天方不方便？如果您方便的話，請跟我結清貨款。」否則容易被對方找到藉口，拖延付款。

(4)收款時，不要講太多話，可運用「壓力式面談」，不問一句話後。盯著看老闆，等他回答，再問下一句。

(5)收款時，表情要嚴肅，不可笑嘻嘻。

(6)業務員必須建立與經銷店的交情，則收款會較順利。

(7)該給經銷店的贈品、獎金等，在收款前必須處理完畢，否則經銷店會拒絕付款。

(8)經銷店對品質的抱怨，在收款前必須處理妥當，否則經銷店會拒絕付款。

(9)業務員對於收款不順的經銷店，千萬不可逃避，反之，應增加拜訪次數。

(10)起初，盡可能避免在大庭廣眾之下催討。若拖得太久，則可故意在大庭廣眾之下催討，但應避免與之爭吵（聲音不要太大，但要旁邊的人聽到）。

(11)對於收款不順的經銷店，可採取下列方法：連續幾天晚上去拜訪，與之「耗」（如：一起看電視、抽煙、泡茶）到貨款結清為止。

(12)業務員必須教導新經銷店如何賣本公司產品。

(13)業務員必須教導老經銷店如何賣本公司的新產品。

(14)業務員必須在新經銷店第一次進貨後第 14 至 20 天再度拜訪。若發現尚未賣出，則應再度教導老闆如何賣公司產品。如此，則

能避免一個月後去收款時，因銷路太差，導致收款不順。

2.如何防止「票期被拖長」

票期被拖長的原因和對策如下：

(1)某些經銷老闆具有貪便宜的習性。

對策：總公司財務部堅持原則，凡業務員收款票期未符合本公司規定者，退回經銷店更改，使業務員知道警惕。

(2)業務員沒有準時前往收款，拖延一段時日才去收款。

對策：業務員必須瞭解「收款重於一切」的觀念，準時前往收款。

10 預防呆帳要領

1. 倒閉前的徵兆

(1)不正常進貨。一位優秀的業務員，平時應徹底瞭解經銷店的銷售能力、庫存數量以及當前的市場情況，以便對經銷店的每月進貨數量、進貨種類、進貨時間，在內心都有個概算。對於經銷店的不正常訂貨，應深入瞭解。例如，一向精明的經銷店老闆，卻選擇較不利的時點訂貨(在結帳的前幾天訂貨)，且訂貨數量超出其以往銷售量甚多。遇到這種情況，業務員必須有所警惕，查知其訂貨動機，否則應暫時拖延，一方面再深入調查；另一方面觀察其反映與變化。

(2)貨品流向有問題。某經銷店門市生意並沒有比以前好很多，但最近向本公司進的貨一下子不見了，而且訂貨次數增加。此時，業務員要注意是否該經銷店「轉售同行」？

(3)削價求售。經銷店的削價求售，依正常情形，必然是赤字經營。

這種經銷店雖未必於近期內倒閉，但長期以債養債的結果，當宣佈倒閉時，其虧帳的金額可能高的出乎意料。因此，應選擇最有利的時機結束此種交易關係。例如：利用其他廠牌大量供貨而尚未收款的空檔，誘使其提前付款再終止往來，或以最保守的方式往來。

(4)不正常的經營方式。如果經銷店不是以正常經營而賺得利益，而是以迂回的方式獲利。例如：削價轉售而換取現金，然後轉放高利貸，用這種方式圖謀高額利潤。這種不正常的經營方式，風險太大，應趁早終止交易關係。

(5)不務正業。規模小的經銷店，如果再轉投資或兼營其他行業，在財力和人力上顯然較勉強。萬一他失敗了，則本公司必然成為他虧帳的對象。在這種情況下，必須縮減給這家經銷店的出貨量。

(6)私生活不正常。經銷店除了應兼具財力、經營管理能力外，更重要的是投入心力。如果該經銷店老闆過渡沈湎於吃喝嫖賭，終日晃蕩，如不是精神萎靡就是心有旁鶩不專心店務。嚴重者甚至造成家庭糾紛，搞的雞犬不寧，或者債臺高築不得不鋌而走險。因此，若經銷店已經出現這種不合乎經營條件的情況時，就應該縮減出貨量，進而終止交易關係。

(7)延期付款。如果某經銷店的進貨消化速度很快，沒有什麼庫存，但付款卻一拖再拖，則雖然其財務結算並未不良，但應小心防患未然。

(8)會計人員突然離職，不敢再繼續做下去。若某經銷店財務出現問題，則最先警覺到大事不妙的必然是會計人員。因此，當會計人員突然離職時，業務員須趕緊追查該會計人員的離職原因，同時從各種角度衡量該經銷店財務是否出問題。

(9)儀容不整，精神萎靡。某經銷店一向儀容整潔，精神飽滿。最

近一反常態，變得突然儀容不整，精神萎靡。經查證結果，並無生病情況。此時，業務員就要特別當心是否財務出問題。

⑽口碑不良。被同行業批評的一無是處的經銷店遲早會出問題。因此，當業務員一聽到某經銷店有不穩定的風聲時，必須搶先在別的廠牌之前「收貨」。同時，趕緊收款。

⑾突然轉變態度，對業務員巴結討好。某經銷店老闆一向趾高氣揚，態度惡劣。最近卻一反常態，對業務員巴結討好。此時，業務員須詳查背後是否隱藏著信用紅燈的現象。

⑿進貨廠牌突然大增。此時業務員需注意該經銷店是否有惡性倒閉的企圖。

⒀老闆常不在。某經銷店老闆突然變成經常不在，早出晚歸，找不到人。此時，業務員更要增加拜訪次數，查出老闆不在是否和信用紅燈有關。

⒁對本公司過分捧場。某經銷店一向與本公司交易量不多，最近卻一反常態，對本公司非常捧場：

①進貨量多；

②連本公司不暢銷的產品也大量進貨；

③對品質也不再計較。

此時業務員需提高警惕，深入求證是否有惡性倒閉的可能。

⒂第六感觀。一位優秀的業務員應時時觀察分析週圍環境變化，久而久之似乎對環境就有洞察先機的第六感官。這種感覺也許是感覺到經銷店的產品陳列變得毫無動感，佈滿灰塵，或者是老闆、會計小姐死氣沈沈的陰陽怪氣。也可能看到完全相反的一面，一向不吭氣的老闆卻忽然熱情豪爽，店內陳列忽然變得誇張顯眼。當業務員走入經銷店，如果有不祥的第六感觀，必須相信自己的第六感觀，立即暫停

出貨，趕緊收款，並立刻著手求證。

2.資信調查的技巧

(1)新經銷店交易前調查

①向同區域的經銷店調查其信用。

②去鄰近的雜貨店、評價中心、香煙攤買東西，調查其信用(如：開業多久？人品？)。

③向該經銷店的老闆本人或會計人員側面調查該店面是否私有。說詞：「店面這麼大，店租一定很貴吧！」

(2)新經銷店交易後調查

①針對新經銷店盡可能收現金。

②新經銷店交易三個月內，總公司財務部取得票據後應立即向銀行照會。照會內容：開戶多久？提存記錄？有無退補記錄？

(3)向經銷店的會計人員、師傅探尋：有無轉投資或兼經營其他行業？若有，有無虧損？

(4)業務員應儘量與別家公司業務員「聯線」，針對各經銷店的信用，互通消息。

(5)各經銷店老闆中，有一些老闆的消息特別靈通，經常與當地別的經銷店往來。分公司主任應努力使老闆願意做本公司的「線民」。當他瞭解某些經銷店信用有問題時，立即通知我們。

(6)對於有倒閉症狀的經銷店，業務員增加拜訪次數，或故意選在三點半前不久去拜訪，而且一坐就是大半天，從經銷店的種種反應，就可確認其是否有倒閉的可能。

第 三 章

企業的徵信調查工作

1 企業徵信調查方法

　　徵信調查的方法，可分為直接徵信與間接的徵信兩種。所謂直接徵信即內部徵信，由徵信對象自行提供徵信資料，經研判可信或取其可信部分，以作徵信分析。

　　徵信資料由徵信對象自提供的方法，大部分是透過調查員直接訪問所獲得的。調查員拜訪詢問的對象，應以經管直接的業務基層幹部，如科、課長為先，因為這些職位的人，對所掌管的業務，最為清楚，且非屬高層經營階級，言辭較為可信，從他們得到大部的徵信資料，再向高級經營人員探詢經營政策與方針。至於詢問，能夠單刀直入，自然最佳，碰到企業的缺點隱私，則最好旁敲側擊，顧全對方的面，因此談吐表現須溫順柔和，但為找尋對方的特徵缺點，　必須剛毅十足，絕不馬虎，以銳利的警覺，高度的推理，期能聞一知十，

達成任務。

　　直接徵信既是徵信對象自行提供直接的、第一手的徵信資料，內容往往較完整，徵信研判也可獲得比較充實，符合需要的結論。

　　企業界的徵信調查，多在商業交易前為之，交易對象為了獲得較大的融通信用，時常提供不實的資料。所以，直接徵信資料，在財務公開的企業，尚可採信；如是財務未經公開之企業，因財務或其他資料先經修飾，必須特別審慎分析研判其真實性。

　　間接徵信又稱外部徵信，其徵信資料是由外界側面多方集積所獲取。資料龐雜不全，不僅調查工作不易進行，而且由於受到資料不整的限制，對於調查對象的實際內情，難有徹底的瞭解，所以，有時徵信研判結果的確實性，要加以確認。

　　但是，間接徵信是在無法獲取直接徵信資料時的唯一徵信方法，而且徵信對象自行提供的徵信資料必須判斷可信，始可採用，而判斷的方法，就是運用間接徵信，予以側面查證，所以，間接徵信仍有其不可缺的價值。

　　至於間接徵信資料的收集，不外是：

　　1.向主管機關（經濟部商業司、省或市政府建設局）查詢公司設立、股東組成、營業項目及歷年增資情形。

　　2.向票據交換所調查有無退票或拒絕往來記錄，向金融機關查詢往來實績及信用情形。

　　3.向地政、稅捐等有關機關查核動產或不動產所有權或他項權利設定情形，有價證券及其質權設定情形，以及歷年各項所得及各種稅捐納稅情形。

　　4.向證券市場調查上市股票的漲跌走勢及成交量值，或一般投資大眾的興趣程度。

5.向其同業、公會及主要往來客戶查詢其信譽營業概況,及在同業中的地位,但此項資料應經研判其可靠性。

6.委託調查公司代為調查。

2　徵信調查的重點

徵信調查的重點何在,應調查些什麼?徵信調查的重點,應放在下列五項,此即目前通稱的「五 C」。

1.品格

品格是指債務人(包括自然人與法人)履行債務的誠意。若授信對象是一個不合作及信用等級低者,便不是一個良好的授信對象。反之,過去雖然有過倒帳的記錄,只要債務人處理債務時,是秉著誠意合作的態度,則仍不失為品格優良者。

企業的創立、沿革、組織、一般概況、銀行往來情形、負責人及高級主管的信用風評等均屬之。

2.能力

能力即所謂理財能力或經營管理能力。對個人而言,一個人對其財產管理運用的能力,時常是是否授信的決定要素之一。至於企業團體,經營者的經營管理與資金及時有效運的營運能力,關係企業生存及前面發展,為獲利能力大小的決定因素,尤其不可漠視。

所以,能力之強弱與債權的保障,因其有直接的密切關係,而成為徵信調查的重點之一。

負責人及高級主管的能力、制度健全與否,各單位相互間的合作

協調，規模的大小，生產及銷售能力等均屬企業的能力範圍。

3.資本

資本有廣狹兩義，廣義之資本，兼指自有資本與外借資本而言。狹義之資本僅指自有資本，即資產負債表上的淨值。徵信調查的目的，在於瞭解債務人的信用總評。

企業經營功能的發揮，在某種範圍內，應以自有資本經營。在自有資本足以維護企業財務結構之穩定性的狀況下，不妨藉重外借資本，以增強營運。因為全以自有資本經營，實屬非易，亦非上策。但不可過分依賴外借資本，否則將造成嚴重的財務壓力（即利息負擔）。

企業徵信調查中的資本項目，廣泛包括有資本登記、資本組成、歷年增資經過及財務狀況，如淨值內容，財務結構及比率，資本獲利率，股息股利的分配情形，外借資本的份量及內容，固定資產的比重，會計制度及資金營運計劃等等。

4.擔保品

可提出擔保品增加債務人的信用力，消極上可彌補信用力的不足。但擔保不能改善信用狀況，只可減少風險及損失發生的可能性；加之一般信用狀況時因客觀環境發生變化，擔保品多為一種有體物，有形的變化機會較少，也易引起債權人注意，所以仍極受歡迎。

此處的擔保品對保證人而言，即指擔保品的名稱、種類、數量、品質、價值、市場性、存置處所及擔保順位，與保證人的信用等，都是徵信調查的內容。

5.業務狀況

業務狀況，是企業本身的產銷消長情形及在同業間的地位。

法令政策的影響，內外銷市場的供需情形及競銷能力，政治因素，季節變動，經濟景氣，國民所得等等外界因素，雖非企業所能控

制,但既為企業的經營環境,對企業經營結果的影響往往很大,因此不得不加以重視。

3 企業如何自行收集客戶的全面信息

　　自行收集客戶的信息資料大多來源於客戶自身或者自己推薦的機構和人員。由於客戶傾向於提供對自身有利的信息而 避對自身的不利信息,加上企業本身的客戶資信調查人員並非專業人士,造成收集的信息客觀性相對較差。但是這種信息來源管道的好處是不必花費額外的費用,信息收集工作在日常交易過程中就可以順便進行。自行收集客戶全面信息的方式有:

　　## 1.透過與客戶的交易接觸收集信息

　　與客戶的接觸是透過商業函件、電話、傳真或電子郵件進行的,在這個過程中,眼光敏銳的銷售人員可以透過觀察客戶使用的信箋、信封是否規整,信件格式是否符合商業慣例、是否具有較強專業知識並且信息完備等方面對客戶經營是否規範做出一個大致的評價。在和客戶方的業務人員進行電話聯絡時,可以透過客戶是否使用標準的禮貌用語、談吐是否自如,發現客戶是否態度誠懇、工作人員素質的高低。擁有高素質的員工的客戶經營狀況通常比較好,資信狀況也比較好。另外,查看老客戶的還款紀錄也是獲得客戶資信狀況的一條重要管道。

　　## 2.透過對客戶進行實地走訪來收集信息

　　俗話說「耳聽為虛,眼見為實」,透過對客戶的實地走訪,實地

查看客戶的經營場所、查閱有關法律文件、與客戶的經理或工作人員交談，可以印證客戶所提供資料的真實性，或否定其提供的資信狀況信息。

透過觀察客戶的辦公場所和廠房的新舊程度，可以對客戶的贏利能力做出大致的評價，但是同時要警惕那種經營陷入困境，只對辦公場所進行豪華裝修騙取錢財的客戶。透過察看客戶庫存產品的積壓情況可以估算出客戶未來現金流量；透過與客戶高層管理人員交談可以瞭解其經營管理水準和素質的高低；透過與客戶普通工作人員交談，瞭解其收入狀況、薪資發放是否及時和士氣的高低，可以瞭解客戶的凝聚力；透過察看客戶的營業執照和相關資產所有權證明文件可以印證客戶所提供的資料與實物是否相符。

另外，一般客戶出於保守商業秘密的需要，不願披露自身的狀況，特別是資信狀況不良或陷入財務危機的客戶更是如此。如果在實地走訪時發現客戶時信息披露過於敏感和不安，採取推脫的方式拒絕披露或不允許銷售人員查看，企業就應當保持警惕。

3.透過同行業和相關行業的信息交換收集客戶信息

客戶對同一種商品通常有幾種來源管道，就是說本企業不是客戶的惟一供貨單位，透過與其他供貨單位的信息交流取得客戶付款是否及時等信息是非常重要的一條信息來源管道。需要注意的是其他供貨單位出於競爭的目的，可能故意提供客戶資信狀況不良的假信息以爭取客戶資源。

客戶所需要的商品一般也不局限於本企業提供的種類的商品，例如客戶生產產品不僅需要生產原料，還需要包裝材料等配套的商品。這樣企業可以從客戶的其他種類商品的供應商那裏取得客戶的資信狀況的信息。相對於從同行那裏取得的有關客戶的資信狀況信息，從

提供相關商品的客戶供應商那裏取得的信息比較可靠，因為他們與本企業不存在競爭關係，沒有造假的動機。

透過與同行業和相關行業的信息交換收集信息所取得的資料主要是與客戶曾經打過交道或正在打交道的企業出具的《商業資信證明書》和客戶開戶銀行提供的《銀行資信證明書》。

4.透過公共信息管道收集客戶信息

現代社會是信息社會，報紙雜誌、廣播、電視、Internet 等大眾傳媒包含了大量的企業信息，特別是電視和 Internet 對企業信息報導的及時性是其他方式所不可比擬的，透過 Internet 還能夠根據需要主動地選擇所需要的信息。需要注意的是 Internet 上的垃圾信息比較多，還有相當多的傳言，企業最好是選擇國內知名的經濟類網站和官方網站，這樣所收集的信息可靠性就能大幅度提高。如果企業的客戶集中在某幾個行業，透過訂閱有關該行業的專業刊物，可以預測客戶未來的發展前景。另外，企業還可以從法院瞭解客戶的訴訟記錄，從稅務部門瞭解客戶是否拖欠稅款等客戶信息。

在賒銷之前收集客戶的資信狀況的信息，為客戶資信狀況評價準備資料，這是應收帳款管理的起點。避免對資信狀況不佳的客戶實行賒銷，將可以避免的壞帳損失和收集客戶信息所花費的成本進行比較，結論是多花費些時間和成本收集客戶信息是值得的。

4 如何委託專業機構收集客戶的全面信息

企業自行收集客戶信息時，由於企業信用管理部門本身不是專業資信調查機構，要深入調查客戶的資信難度較大，而且獲得的資料也不夠充分。因此，對一些比較重要的客戶，在自身收集信息的基礎上要委託專業信用調查機構收集客戶全面信息。委託專業機構收集客戶信息的方法如下：

1. 選擇適當的信用調查機構

當今社會，各種各樣的信息諮詢公司、資信評估公司、投資服務公司等紛紛提供客戶資信調查服務。企業選擇時要考慮它們的專業經驗、人員配備、從業時間、專業水準、服務價格等因素。選擇信譽良好、執業嚴謹的專業信用調查機構能夠提高所收集客戶信息的可靠程度，有利於企業做出正確的賒銷決策。

2. 購買符合標準的資信報告

⑴什麼條件下購買資信報告。如果沒有把握確定第一次訂貨的新客戶會及時付款；或者希望繼續與某個老客戶發生交易往來，想及時掌握客戶的最新動態；或者客戶要求擴大信用額度或改變交易方式；或者客戶訂單有異常變動，例如突然有大批購買或驟減的現象，同時對產品的品質要求不再嚴格時；或者客戶付款時間延長或變更付款方式；或者客戶對其他公司應收貨款不能收回進而影響其償付本企業貨款；客戶改組或經營狀況有惡化跡象。在以上這些情況下，都可以採取購買專業信用評估機構的標準資信報告來收集客戶信息。

⑵標準資信報告的內容。標準資信報告應該包括有：

①調查的對象(客戶)全稱、客戶詳細位址、電話及傳真；

②公司註冊機關、註冊資本、法人代表、公司性質、公司規模、僱員人數、營業額、淨資產；

③公司成立背景、股東情況、公司結構、母公司情況、子公司或分公司情況；

④主要管理人員的情況；

⑤公司主要產品及服務項目、經營區域及合作夥伴、主要客戶、經營業績、經營效益、員工人數、發展趨勢；

⑥損益情況、資產負債情況、主要財務比率；

⑦銀行信用狀況；

⑧法律糾紛；

⑨實地調查情況：

⑩專家評述等。

企業在訂購資信報告時要提供一個擬授予客戶的信用額度，信用評估機構在資信報告中針對這個額度是否適當發表意見。需要注意的是，信用評估機構發表的意見是相當謹慎的，就是說即使評估機構認為企業給客戶提供的信用額度太高也不會明確指出，或許會用委婉的語氣說客戶還應當提供更多的擔保品。

3.委託專業信用評估機構對特定客戶實施信用評估

如果企業認為某客戶是企業最為重要的客戶，對企業的生存與發展有重大影響，這時，標準的資信報告顯然不能滿足需要了，有必要對客戶進行全面的深入調查，取得更多的客戶背景資料、財務數據以及市場狀況分析方面的信息。這時企業就應該委託信用評估機構對該重點客戶實施單獨的評估。

企業應該和選擇的專業信用評估機構簽訂正式的合約，以明確雙

方的權利和義務，具體包括：明確收集信息的內容和要求、明確收費標準、明確企業應當給予專業信用評估機構的支持、明確信息收集結果報出的時間等。

4. 分析取得的資信報告

企業為了有效地使用資信報告，應該結合企業自行收集所得的客戶信息、從公共管道取得的客戶信息和專業信用評估機構的資信報告，採用專門的方法，對客戶的狀況實施進一步的分析。

專業資信評估機構一般在資信報告的顯著位置聲明：本報告僅供參考，不能保證完全正確，提供人不負擔任何由此而產生的虧損責任。

對於關係企業生存攸關的大客戶，企業為了深入瞭解該客戶的狀況，應該委託專業的信用評估機構收集該客戶的信息，這樣可以發揮專業信用評估機構的特長，減少企業發生賒銷風險的可能。

5 企業的徵信計劃

企業欲進行徵信工作，必須有計劃，工作有方向，才能事半功倍，更輔以徵信技巧，才能有具體的徵信結果。

1. 擬定徵信計劃

徵信人員應針對客戶的情況，排出時間進度表，安排調查時間進度表。先排定調查時間，確定調查之目的為何，選定調查的重點與事項並事前妥為計劃，假如工作無重點，　時勢必耗費不少人力、物力及時間。調查計劃的步驟：

(1)應確定調查目的

信用調查的範圍極廣泛，徵信人員可視實際上的需要，確定調查目的，方可收到事半功倍之效果。

(2)選定調查事項

調查事項之選定，應以迅速並應與調查目的有關連性，例如想瞭解客戶的品格，可從客戶業績風評、嗜好、家庭生活等調查事項著手。

(3)決定調查實施的計劃

即排出訪問時間進度表，預先與客戶安排拜訪的時間。

2.收集各種徵信資料

對客戶情況多一分的瞭解，在信用交易上即多一層的保障，各種信用資料，要加以收集、爾後詳加分析、研判。

3.實地調查

實地調查在徵信作業中最為重要，效果最佳的徵信技巧之一。

徵信人員應本著「眼觀四面，耳聽八方」的方法，憑其敏銳的觀察力與判斷力，就客戶資料中所分析出的疑點加以澄清瞭解，將分析之資料與實際情況對證，確認是否相符。並就事前準備好的問題要點，從言談中逐一瞭解，其目的不外乎透過面對面的拜訪，瞭解企業主的經營理念、管理觀念、業界風評，並進一步觀察企業人力、資本、機器、技術、市場、獲利能力等情況，從而判斷企業發展的潛力，以作為公司決定信用政策之參考。

例如，客戶基本資料檔案的先深入瞭解，如果為新客戶，應事先向銀行查詢其票據信用：

‧帳號第○號為○○股份有限公司，對不對？

‧開戶日期為何？往來多久？

‧有無退票，遺失止付或扣押等不良記錄？

‧往來情形是否正常？存款實績為何？幾位數？屬高、中或低？

以上各點銀行員通常都會視狀況來回答，如果經由銀行同業查詢票信，所獲資料將更具體深入。

徵信人員就以上所收集之有關資料，深入研討，有系統的挑出各項疑點，列出調查重點記錄下來，並確定調查各要項。

具體的實地調查，應具備下列調查技巧：

(1)要迂迴側擊

應善於察言觀色，面談時應運用旁敲側擊，避免單刀直入，引起對方警覺，對面談所獲得之重要資料不動聲色，切忌當面摘記要點。

(2)要針對不同對象

在辦公室內，分別與企業主、中級幹部、低層職員談話，針對不同人員，從不同角度提出問題，獲取情報。

(3)要把握要點

與企業主及管理階層經理人面談時，重點應為決定企業的經營方針、營運計劃、產業動態與展望；與中階幹部課長等面談，就各課業務進展、生產、行銷、財務等情況作為談話重點；與低層人員面談，最好提出對員工有切身關係的問題，例如薪水、福利、工作情況、休假等。

(4)要實地看廠

要赴工廠參觀實地徵信，到處走走看看，觀察機器開機率、員工工作效率，並與廠長、生產幹部及現場工人談話，獲取所需資料。

(5)要控制主題

交談時，要居於主動立場，引導談話者步入主題。

(6)要儘量輕鬆

平時多充實各方面知識與素養，使談話內容豐富，以閑話家常的

方式進行。

(7)要言談配合

必須因應被訪問者的水準，而機動的調整談話的技巧與內容，最好熟練各種方言，可適時發揮效果。

(8)要注意疑點

遇對方回避問題，顧左右而言他時，應特別注意客戶不願回答或不正面回答的事項，另外加以深入調查。

6 擁有完整的徵信資料

徵信調查的程序，是將收集到的各項徵信資料，經過一番求證分析，探討其確實性，予以綜合歸納，判斷徵信對象的信用能力。

完備的徵信資料應包括下列部分：

1. 企業的基本調查：包括公司行號名稱、地址、負責人、組織、董監事陣容、分支機構、創立年數及沿革、經營形態、資本額及增資經過、營業項目、業務特色、最近數年業績成長情形、年銷貨額、純益額、資產總額、負債總額、往來銀行及實績、員工人數。

如有最近三年的財務報表，進而分析其財務結構、償債能力及獲利能力等，則效果會更佳。

2. 往來銀行：包括往年年數及實績，如能從往來銀行獲得其他資料，特別是銀行對企業的分析判斷尤佳。

3. 加入公會的名稱及活動能力。

4. 同業的地位，及同業對他的評價。

5.徵信機構的調查報告。

6.稅捐申報數額：包括營業稅、營利事業所得稅，主要負責人的綜合所得稅等申報額。

為了力求徵信研判能夠接近事實，徵信資料往往需要多方收集，以期完備無遺。這樣一來，徵信資料難免龐多雜亂。在徵信資料研判之前，務必加以整理，定其取捨，並予系統化，在使用資料時，得以簡易、明晰。

不過，已經到手的徵信資料，即使在求證階段，經判定無使用價值，仍應即時保留，改列為輔助資料，以備來日參考之用。

徵信資料除了應個別作如上的整理外，並應分別建立戶卡制度，分別以姓名筆劃與業別，使用分戶卡征，扼要載明徵信內容的重點，必要時，才能夠一覽無遺，而不必一一翻閱徵信資料。

企業的徵信調查多半行之於往來之初，但雙方往來後，如經過一段長久的時間，交易對象的營業實績及內容發生變化，或需增加往來授信額度，或其營業實績逆轉，曾滯延償還，甚至可能收回無望等，必須補充新的徵信資料，重新整理研判，尤須特別調查，尋求補救之道，避免產生延滯或呆帳。

7 營業員如何收集客戶信用資料

收集客戶資訊非常重要性,有關客戶的最重要的資訊應當來自客戶自身,營銷部門是企業直接與客戶打交道的部門,與客戶保持密切聯繫,通過實地訪問和電話聯繫,可以瞭解許多客戶內部資訊,企業可以利用前面介紹過的資訊記錄表格,逐項落實所需資訊。

在現實中,客戶會隱藏一些重要資訊,這需要營業員作耐心細緻的工作。眼光敏銳的營業員會利用一切機會收集於己有用的資訊,從而達到充分瞭解客戶資信的目標。

1.與客戶的初次接觸

一般與客戶的初次接觸是通過信函、電話、電報、電傳等方式進行的,這時應注意:

(1)客戶所使用的信箋、信封是否規整?

(2)客戶對你的信件或諮詢是否能迅速給予答覆?

(3)客戶的來函是否顯得具有專業知識且資訊完備?

(4)客戶對本企業可提供的產品是否表示了濃厚的興趣?

在與客戶發生任何實質性的接觸之前,如果就上述問題已經發現客戶的態度不誠懇或素質欠佳,令人產生不良印象,其實也就表明了這個客戶將來可能會給企業造成麻煩,必須及早引起注意。

2.對客戶的實地走訪

營業員必須重視對客戶進行實地走訪後形成的印象。儘管印象的主觀色彩較濃,但卻是不可缺少的資訊來源。因為不管企業手頭已經掌握了多少客戶資料,總是間接獲得的,只有業務人員親自與客戶接

觸，才有機會瞭解已掌握材料的背景或「幕後」情況，彌補不能從其他管道獲得的資訊空白。

營業員親自上門訪問客戶。還有可能有機會直接與客戶的經理、董事或其他管理人員交談，這樣會增強銷售人員的感性認識和直覺判斷力，非常有意義。

利用實地訪問的機會，營業員要瞭解和注意以下資訊：

(1)客戶的廠房及辦公樓的外觀、新舊程度。——這間接反應了一個客戶的贏利狀況。

(2)倉庫裏積壓產品的數量、種類及構成。——這有助於瞭解客戶當前及未來的現金流轉狀況。

(3)客戶的生產看上去是否活躍。——這能夠反映客戶當前接獲的訂單數量多少及其產品銷售前景的好壞。

(4)觀察一下客戶經營者使用的車輛。——如果廠房陳舊，機器老化，工人及職工士氣低落，而經營人員卻乘坐著高級轎車出入，這種客戶將來能否守信用是令人懷疑的。

(5)瞭解客戶管理層的構成，弄清楚其董事會成員及各部門主管的姓名、履歷乃至作風。

部分企業對資訊收集沒有給予足夠的重視，他們對採用這種記錄系統興趣不大，理由是銷售人員業務繁忙，無暇顧及。而事實上，花在收集資訊上的時間會幫助企業節省花在其他事情上的時間。

一個簡單的例子，如果企業在交易的前期通過客戶資訊管理工作，對客戶的信用狀況作出準確的判斷，就能把花在向不良客戶追討欠款的時間，轉而用在發展其他有利於企業發展的事情上。

收集客戶內部資訊，還必須注意觀察客戶的反應。一般而言，客戶是不願披露自己情況的。但如果客戶對資訊披露過於敏感和不安，

營業員就應進一步探查這種態度背後的真實原因。

收集客戶內部資訊可以講沒有任何額外成本，因為無需為此專門花費人力財力，只要督促銷售人員在銷售企業產品的過程中同時收集這些有用的資訊就可以了。

另外，在採集客戶的內部資訊時，一定要提醒營業員理解信用管理的意義與概念，才能從信用管理的出發點考慮問題，以免營業員描述過分樂觀，因此信用主管人員與銷售人員必須密切配合，建立良好的合作關係。

收集客戶內部資訊應儘量設法對更多的客戶進行直接、專門的信用調查。企業從信用調查中可以得到許多細節性的資訊。概括地講，企業可以瞭解到客戶的一般背景資料，如銷售額和利潤的大小、資本結構、客戶借入資金的來源以及提供給債權人的擔保品、營運資金的流動性、存貨週轉狀況、影響其產品銷售的市場因素、催收欠款的表現等等。

企業有時會發現通過營業員或其他途徑很難完成上述重要資訊的收集，因為這需要具有相當專業水準的財務人員來進行。這時可由企業安排財務主管人員直接上門訪問客戶，進行信用調查。這實際上是給客戶一個積極的暗示，表明企業對交易的重視程度及誠意。一般信用良好的客戶為了向企業展示自身的實力及良好的形象，會對這種調查持歡迎態度，即使有些輕微的抵觸情緒，也會出於達成交易的目的而最終配合企業的要求。

另一方面，有些客戶會拒絕信用調查或有強烈的抵觸情緒。這時訪問人員要對產生這種態度的原因進行判斷，如果客戶僅僅是出於習慣或心理上有被輕視、懷疑的不適感，訪問人員就要耐心解釋調查的必要性以及所帶來的益處，盡力說服客戶。

但如在說服過程中客戶仍一口回絕或支吾其詞，言辭閃爍，這時
訪問人員就要對整個交易的可行性進行重新評估，並對拒絕背後的原
因進一步調查。在原因未查明前不宜作出交易決定。這種直觀觀察所
得的結論有時對信用決策的作用非常大，只有通過實地訪問才能做
到。因此，應儘量設法對更多的客戶進行直接的信用調查。

8 針對經營者的徵信調查

一般的針對企業經營者而加以調查，往往只略為著重在下列：
· 經營者姓名、年齡、學歷、目前職務、個人投資事業、擔任職
　務。
· 經營者在該企業的投資金額、股數、佔股權百分比，其家族及
　關係人在該企業的投資額，佔股權百分比。
· 如代表投資，其代表的集團或企業。
· 實際負責人，擔任職務。

在以家族企業為主體的經營管理模式中，經營者個人的能力，對
企業經營方針、管理作風的影響，至深且遠，在徵信過程中，要獲知
上述四項資料性的資料以外，還得要多花些精力、時間，靠著與經營
者直接面談的場合中，判定其性格、品德、操守、作風及經營績效，
善用「光靠雙眼決優劣，不如街坊聽話說」的求證技巧，間接從同業
及其他外部有關人員多多打聽，才能求得真實，獲悉全貌。

調查經營者的能力時，還要仔細調查下列要點：

1.瞭解經營者的出身背景（業務？技術？財務？財產？研究？投

資？）

2.有無適任的搭配幹部？他們背景如何？

3.有無培養接棒繼任人選？職務如何銜接？

4.公司的信念？

5.有無遠大的理想目標？

6.有無使員工敬業的領導之道？

7.經營者有無日理萬機之餘，仍然抽空學習？

8.有無追求自我突破，不成功永不休止的專注態度？

9.過去有無嚴重的財務糾紛或倒閉記錄？處理結果如何？目前狀況如何？

10.家庭生活是否美滿融洽？

11.健康狀況是否良好？

12.私生活如何安排？

9 針對企業的徵信調查

如果是針對企業的調查，就要調查該企業的事業沿革、經營者的變革，紅利分配的變遷、公司的盛衰、員工的服務態度等。例如：

1.企業設立經過

應注意到何時設立？何人設立？其動機為何？不能一概認為「公司創設已久，就可信賴」或「新創立就危險」。有長久歷史的公司是有潛力的，但平時的信用程度，不可全以其設立年度的長短作為評價。

注意該公司過去有無公司名稱的變更登記。有的公司為另謀發

展，而改變了營業項目，公司也隨之更名；也有認為原有的公司名稱太古板，而改為現代化的名稱，這些情形並不構成問題。不過有的則是企圖以更換公司的名稱，來擺脫對舊公司所負的債務，這是惡意的變更登記，調查時也須注意。

2.經營者接替狀況

經常變換經營者，也不是正常現象，須查明其原因。中小企業通常的接替是子繼父業，也有由其親戚或女婿接管的，則必須查明原委，例如：是否因其子無能，還是其子經驗尚不夠，先由親人代替接管，抑或是有了爭執糾紛等？

此外，也有因董事長經營方針不良導致受損而引咎辭職，則企業只好更換別人；或因經營不善，由銀行或債權公司派人接管的情形。

還有一種，是名義上雖然沒有倒閉，但實際上和破產並無二致的情形下，不得不更換經營者。在交易前，有關經營者更替的原因，都需要特別的注意。

3.資金及紅利分配的變遷

急速增資的公司，大都是事業快速成長。但也有不增資，而將所需資金利用借款方式的挪移情形，所以要注意增資與借款的比率。

在經濟高度成長時期，公司急速增資擴大，以致到了低度成長期，許多設備形成了浪費，造成了阻礙收益的原因，故需注意。

不只注意資本的演變，也需注意到紅利的分配情形。如果分配情形正常，則其營業狀況必然沒有問題。如紅利沒有達到正常的標準，則遲早會影響到該公司的經營狀況。

沒有分配紅利，原則上可視為經營不甚理想的公司。中小企業中，許多是屬於家庭公司形態的，雖不分配紅利，但實際上以薪資方式得到分配，或以不分配而轉為內部週轉之用，所以不可以「有無分

配紅利」就武斷地判斷該公司的經營成果。紅利的分配率越多,當然公司的收益也越高。但也有資金不大,僅在數字上顯示分配率高的情形。

4.機器設備的變遷

調查設備和營業額配合情形下,以及設備是否成為營業負擔,從而得出設備投資的效率。

5.公司的盛衰

如果只是剛成立的,則另當別論;至於是年資久者,在過去的時間裏,必有其盛衰的歷史,當受到社會經濟景氣的影響,以及時運好壞而會有種種變化。

營業狀況好時,經營手法如何?不景氣時,是以什麼辦法克服困難的。公司若情況好時,並不浪費;惡劣時,能採取適當對策的公司,今後必能大有可為。

在長時間的經營下,營業範圍如何?貨品種類如何?有無變化?有無轉型?是否適合時代潮流?

6.經營者的調查

企業的發展與否,全賴人為;經營者若能力高而穩重,即使是小企業,也會有發展成第一流大公司的可能。

對中小企業的調查,經營者雖佔了相當的比重,但構成企業要素之一的還有其他的人,也就是其他重要幹部、員工的評價還是必須的。

7.員工的服務態度

進到一家公司裏,可感到由職員所形成的氣氛,從認真的、有朝氣的,或懶散的、沒精神的各種態度中,可以看出公司的士氣來。

再由辦公桌及資料櫃、用品放置的整潔與否,可以看出公司的士氣來。

　　另外，公司職員的衣著、談吐、舉止或彼此之間的談話，都可成為參考資料。一個公司如無紀律、穿著隨便，失去工作熱忱，由此可推測其營業狀況。又從公司員工與顧客或銀行電話聯絡的情形，可看知其交易態度及財務狀況，還可從這些也可瞭解員工的工作能力以及教育程度。

　　這種觀察步驟，在工廠內亦可適用，由觀察的內容，可瞭解工廠營業狀況。

　　再就是要調查員工的安定性的問題。員工流動性大的公司，不是薪資低，就是工作環境及條件不佳、制度不良等原因，這些都與公司安定性有絕大關係。

　　至於是否有工會、組織如何？勞資間的關係是否融洽？這些對公司有很大的影響，故尤須注意。

10 針對生產工廠的徵信調查

　　如果調查對象是生產工廠，就要調查它的立地條件，工廠設備、機器性能、技術能力、庫存狀況、銷售網等。說明如下：

1. 工廠的立地條件

　　向廠務幹部或陪從人員打聽該工廠是否接近原料產地？作業人員地雇用是否容易？協力工廠是否分布在鄰近地區？是否非常接近銷售市場等重點；立地條件的良劣，影響生產成本及銷售成本甚巨，業務代表對此也應予以特別注意。

　　若工廠所在地的環境狀況不佳，對材料的進貨、成品出貨及員工

的安定性都不利，都會造成成本提高，競爭力減弱。

2.工廠的設備配置

仔細詢問建築物的構造、坪數、興建時間及配置狀況，可以瞭解工廠的規模及折舊狀況。

3.設備規模及機械性能

向主要的機械操作人員瞭解主要設備的種類、性能、精密度、耐用年數、購入時間，以及維護保養的程序、方法，然後再與業界一般水準相互比較，以確定該廠在業界中所處的地位。

4.設備能力及運轉能力

根據主要機械設備的能力、作業人員的數目、每日工作時數、分班制度及機械定期維護保養時間，大抵可以預估出該工廠每月的生產能力有多少？是否已達到經濟規模？

察看工廠內有無停止生產的機器，如有，則先查明停機原因，如是修理，則無問題，如果是因需求量降低而停止，那麼這就已經亮起一盞紅燈了。

員工人數的增減變化情形如何？換班交替有無變更？操作時間有無縮短等，均需查明。

5.技術陣容與技術發展

在參觀過程中，利用機會，向經營者或廠長等幹部提出對該廠技術專家的敬佩，希望給予引見相識求教的機會，然後再趁機瞭解該廠技術人員的背景、專長、經歷及貢獻程度，並進一步探知廠方對技術人才的留用培訓訣竅；最後，再設法打聽廠方新技術開發投資的意願，研究試驗設備的充實程度？與外界學術研究機構交流的方式？

6.庫存的狀況

對於庫存量是否恰當？僅查看倉庫是難以判定的，經驗豐富的

人，在工廠的倉庫內大致上可判斷。不但是在開始交易前，即便是長期交易，也要在交易進行中，經常注意機具工作率及在庫狀況。

　　觀察倉庫時，需要注意的是，在庫量是否適當？和前期比較的增減情形。

　　生產率高而庫存品增加，或庫存量少而生產率低，都不是有收益的現象，此時就要提高警覺了。

　　7.銷售網

　　如果銷售網不完善，貨品不能順利銷售，貨款也不能順利收回。相反的，工廠環境條件好，銷售網也極優勢的企業，也就是和倒閉無緣了，總之，要查證他的銷售網健全與否。

11 針對經銷商的調查

　　針對經銷商的調查，是最常見到的徵信調查項目，可分為經銷商一般狀況調查、營業狀況調查、財務信用調查等。

　　1. 經銷商一般狀況的調查

　　一般狀況主要是針對經銷商個人及家庭狀況加以調查，可分成三個部分：

　　(1)第一部分是經銷商是否專心經營事業，包括有無從事房地產與股票之投機買賣，是否兼營其他專業及擔任名譽職等三項。

　　(2)第二部分是經銷商個人之背景資料與生活習慣，包括有無賭博、進出舞廳、酒家之習慣，鄰居與店員的評語，是否曾經制銷　造品與逃稅品，是否有過刑事案件及在現住所居住之年數等項。

⑶第三部分是經銷商的家庭狀況如何？包括家庭設備情形，如有無冷氣機、汽車、房地產變動情形、家庭是否美滿、有無姨太太等項。

以經銷商在現住所居住的年數為例，依十年以上，十年以下、三年以上，及未滿三年等三種情況，分成甲、乙、丙三級。根據統計資料，發現高雄地區所發生經銷商倒帳率較高，實與該地區發展快速有很大的關係，因此，客戶在現住所居住年數列為考慮的項目之一。

2.經銷商營業狀況的調查

在營業狀況方面，主要的調查內容是經銷商的經營設備、人手及能力。可分為兩部分，一是經銷商之設備與人手，如店鋪的所有權、規模與位置、裝潢、照明、電話及店員人數等七項。一是經銷商之經營能力，如店鋪內商店陳列情形，對店員的教育及工作態度、經營者之經營技術、推銷能力、經驗年數、同業的批評、營業實權操在何人之手等項。

營業實權主要是與財務實權有關，一般雜貨店多半是由店主自行經營。因此若二者均操在店主之手，便列為甲等；但若在太太之手則為乙等；若在店員之手，可見店主本人對事業經營不專心，故列為丙等。

3.經銷商財務狀況的調查

在財務信用方面，主要是調查經銷商財務狀況與財務知識，其內容包括：財務結構如何，是否經常向他人借款或借票，有無向銀行等金融機構貸款，過去曾否有過退票或期票展期之情形，最近一年內有無被人倒帳或為人作保賠償，銀行信用狀況，經營者之財務知識及財務實權操在何人之手等九項。

以財務結構為例，視財務結構健全與否，是否依賴高利貸及買空賣空、完全投機等三種情形，分成甲、乙、丙三級。至於退票記錄若

超過三次，則該經銷商之財務能力與信用必相當脆弱，根本不予經銷公司產品。

4.根據徵信調查後，給予信用額度

根據上項調查項目之調查結果，分別算出各類甲、乙、丙等級所佔之比率，再將三類甲、乙、丙三等級之比率合計，算出平均數，以計算信用點數，據以評定信用等級，並決定信用額度。

5.信用額度的計算方式

甲、乙、丙三級分別按 10、5、1 的權數乘以平均百分比，算出信用點數如表 1-1：

信用點數=10×甲%+5×乙%+1×丙%

6.信用額度計算範例

若某經銷商被調查後，其實績如下（表 3-11-1 至 3-11-5）：

表 3-11-1　信用等級、信用點數與信用額度表

信用等級	信 用 點 數	信用額度
優良	8 分以上—10 分	40,000
普通	5 分以上—8 分以下	20,000
尚可	2 分以上—5 分以上	12,000
惡劣	2 分以下—1 分	不得經銷

表 3-11-2　經銷商調查實績表

等級 類別	甲	乙	丙
一般狀況	45%	30%	25%
營業狀況	50%	30%	20%
財務信用	30%	40%	30%
平　　均	42%	33%	25%

則信用點數=10×0.42+5×0.33+1×0.25=6.1

信用等級屬於普通，其信用額度為 2 萬元。

表 3-11-3　經銷商一般狀況的調查表

調查項目	甲	乙	丙
過去一年內有無從事房地產或股票之投機買賣	沒有		有
最近一年內有無兼營其他事業	沒有		有
最近一年內有無擔任名譽董事長	沒有		有
是否經常賭博	沒有	偶爾有	常有
是否經常進出舞廳，酒家等場所	沒有	偶爾有	常有
在現在所居住年數	10 年以上	三年以上	未滿 3 年
鄰居們的評估	很高	普通	不好
店員是否常感不滿或抱怨	沒有	偶爾有	常有
過去有無產銷逃稅品　造品	沒有		
過去是否有過刑事案件	沒有		
過去一年內是否出售過房地產（非投機性）	沒有		
有無汽車、冷氣機、彩色電視機等設備	二種以上	一種	沒有
家庭是否美滿	美滿	普通	不美滿
有無姨太太	沒有		有

表 3-11-4　經銷商營業狀況的調查表

調 查 項 目	甲	乙	丙
店鋪的所有權是屬於	自有	家族共有	租賃
店鋪的規模與建築	大、鋼筋水泥	普通	小木造
店鋪的位置	市場附近	馬路旁	巷內
店鋪的裝璜、照明	很好	普通	不好
店鋪內有無電話	2 部以上	1 部	沒有
店員人數	3 人以上	2 人	1 人
店鋪內商品陳列	整齊	普通	零星
店員教育及工作態度	很好	普通	不好
經營者的經營技術	內行	普通	不好
經營者的推銷能力	很好	普通	不好
經營者的經驗年數	10 年以上	3 年	未滿 3 年
營業實權操在	店主	夫人	店員
同業的評語	很好	普通	不好

表 3-11-5　經銷商財務狀況的調查表

調 查 項 目	甲	乙	丙
財務結構	健全	高利貸	買空賣空
是否經常向他人借款或借票	沒有	偶爾有	有
有無向銀行借款	沒有		有
過去曾否有過退票	沒有	一次	一次以上
過去曾否要求期票展期	沒有	一次	一次以上
最近一年內有無被人倒帳或作保賠償	沒有		有
銀行信用狀況	很好	普通	不好
經營者有無財務知識	內行	懂	不懂
財務實權操在	店主	夫人	店員

12 針對零售商店的徵信調查

如果調查對象是商店或一般的零售商家，調查的重點就要放在商店的環境、停車環境、店面陳列布置、惡性競爭等等。

1. 商店的環境條件

這是商店營業的基本問題，商店所在地的位置，是否適當？要看其營業種類在當地適宜的程度。

2. 停車環境

規模大或出售高級品的商店，以有無停車設備，可作為觀察營業能力的標準之一。尤其在禁止停車的市內，有無停車場對營業情況有不可分的關係，一般大公司，百貨公司均需有停車設備。在郊區也是不可忽略的問題，鄉下大部分是以　踏車、機車為主要交通工具。所以有無停車場的設備，以及由門前停車的情形，可判斷出營業狀況。

3. 店面陳列布置

觀察商店貨品展式及陳列方式，也很重要。這很難有統一的標準，常因種類的不同而相異。

不過最主要的還是店員的服務態度。店員的作風和對所售商品的熟悉程度，是留住顧客的第一因素，也是表現該商店的銷售能力的重要一環。店員訓練的程度也是重點之一。

服務態度不佳，會把客人趕跑。服務太熱心，也會令客人　步。人員過少是問題，但也不可過多，有空閑的店員，表示業績不佳。

4. 惡性競爭

在零售市場，這是最危險的徵兆。因銷路不佳或因同業殺價出售

而引起的惡性競爭，是倒閉的最大原因。

　　如果是特殊商品或高級貨品，為了招徠客人，設些特價品或許還能奏效，如果每天一律大減價，反而失去特價品的功效了。

　　特價品的原理是把某種物品折價出售，刺激客戶購買高級品的慾望。但如果在成本以下的特價品能賣出，能賺錢的商品賣不出，或有特價品之日有客人，沒有特價品就門可羅雀，或銷售額增加但帳目出現赤字，均不是好現象。調查時不可為顧客擁擠所蒙蔽，因為那很可能是暫時性的。

5.與附近同業的比較

　　為瞭解一家零售商店的銷售能力，可將該商店與附近的同業做一比較，就可具體的瞭解了。同一價格的商品，店員的態度、貨品的種類、陳列的方式、地點的選擇、客戶往來的情況，和其他商店進行比較，綜合評價的結果，就可看出問題點了。

13 營業員的自我徵信評估檢查

　　營業員為了檢查自己是否已經對客戶有了必要的瞭解，可以按照我們下面給出的問題進行一下簡單的自我檢測，如果能夠很好地回答其中的 60%，則表明對該客戶已有了基本的瞭解；如果可回答的問題在 80%以上，則表示可以對客戶進行選擇了；如果能夠回答的問題低於 50%，則千萬不要急著進行交易，應當進一步加深對客戶的瞭解。

第一類問題：對客戶的外在印象

　　①客戶的信箋、信封是否規範？

②客戶能及時答覆你的信件或諮詢嗎？

③客戶的來函是否顯得專業性或資訊完整，用語是否規範？

④客戶是否對你的產品感興趣？

⑤客戶的廠房及辦公樓位置及外觀怎樣？

⑥客戶辦公室的裝修、配備、清潔、面積情況怎樣？

⑦客戶的倉庫裏是否有大量的積壓產品？

⑧客戶的經營看上去是否活躍？

⑨客戶員工的素質及士氣怎樣？

⑩經營者乘坐的車輛是否與其經營狀況不符？

第二類問題：客戶的產品情況

①客戶在生產其產品時是否需要價格昂貴的原材料或緊俏的資源？

②客戶在生產過程中是否需要大量有技術的熟練勞動力？

③客戶在生產過程中是否需大量資本？

④客戶產品與同類產品相比受關注的程度如何？

⑤客戶產品的質量怎樣？

⑥客戶的產品目前處於怎樣的生產週期（成長期、成熟期或衰退期）？

⑦客戶是否及積極開發推出新產品？

⑧客戶的產品是否單一？

第三類問題：客戶產品的市場狀況

①客戶的市場範圍大致包括那些區域？

②客戶的產品需求量大致有多大？

③客戶產品的市場銷售趨勢如何？

④客戶產品的銷售是否有季節性？

⑤客戶產品的市場需求前景怎樣？

第四類問題：客戶的市場競爭環境和地位

①客戶在其行業的規模怎樣？

②客戶的競爭對手情況怎樣？

③客戶在競爭中的地位怎樣？

第五類問題：客戶產品的最終用戶情況

①客戶的最終用戶屬於什麼檔次？

②客戶的最終用戶的規模怎樣？

③最終用戶能否及時付款？

④最終用戶是否穩定？

第六類問題：客戶的經營管理狀況

①客戶的決策人員是否有足夠的實踐經驗？

②客戶的管理機構是否完善和有效率？

③客戶的業務人員及各個部門在處理採購和付款等業務過程中的關係、程序和權力如何？

④客戶高層主管的背景及其與上級任命機構的關係？

第七類問題：客戶的信用和資金狀況

①客戶的以往付款紀錄顯示其能及時付款嗎？

②客戶是否會經常出現資金緊張的情況？

③客戶能否提供額外的付款擔保？

④是否已經掌握了客戶真正的財務狀況？能否對客戶的償債能力、贏利情況等作出了較準確的判斷？

營業員在對客戶的資訊進行收集後，就可以根據信用評級對客戶進行分類管理了。以特徵分析結果對客戶評級，為營業員對客戶進行分類管理提供了一個很實用的方法。

以特徵分析結果進行的客戶評級,從三個方面衡量一個客戶的交易價值,即從客戶實力、優先性和信用特徵三個角度。營業員可以一次對客戶進行分類,實行不同的管理政策。

1. A1、A2 級客戶

特點:這兩個級別的客戶一般實力雄厚、規模較大,可能佔有本公司相當大的一部分業務。這類客戶的長期交易前景都非常好,且信譽優良,可以放心地與之交易,信用額度不用受太大限制。

政策:企業對這兩類客戶在信用上應採取較為寬鬆的政策,並努力不使這兩類客戶丟失;建立經常性的聯繫和溝通是維護與這兩類客戶良好業務關係的必要手段;同時,企業的營業員也應當定期地瞭解這些客戶的情況,作為一種正常的信用溝通。

2. A3 級客戶

特點:這個級別的客戶具有較大的交易價值,沒有太大的缺點,也不存在破產徵兆,可以適當地超過信用限額進行交易。

政策:企業對這類客戶在信用上應作適當的控制,基本上應以信用限額為準;這類客戶往往數量比較大,企業應努力爭取與其建立良好的客戶關係並不斷增加瞭解;對這類客戶定期地進行資訊收集是必要的,尤其應當注意其經營狀況和其產品市場狀況的變化。

3. A4 級客戶

特點:這類客戶一般對企業吸引力較低,其交易價值帶有偶然性,一般是新客戶或交易時間不長的客戶,企業佔有的資訊不全面。通常企業不會與這類客戶交易,一旦需要與其交易,會嚴格限制在信用額度之內,而且可能會尋求一些額外的擔保。

政策:對這類客戶,在信用管理上應更加嚴格,應對其核定的信用限額打一些折扣;維護與這類客戶正常的業務關係難度較大,但對

新客戶應當關注，爭取發展長遠的合作關係；營業員對這類客戶的調查瞭解應當更加仔細。在業務交往中除了要求出具合法性文件之外，還應進行一些專門調查，如實地考察或委託專業機構調查，增加瞭解。

4. A5、A6 級客戶

特點：這兩類客戶信用較差，或者很多資訊難以搞到，交易價值很小。與這兩類客戶交易的可能性很小。

政策：對這兩類客戶，企業應儘量避免與之進行交易，即使是進行交易，也應以現金結算方式為主，不應採用信用方式；企業可以保留這些客戶的資料，但不應投入過分的人力和財力來收集這些客戶的資訊，在急需瞭解的情況下，可以委託一家專業服務機構進行調查。

上述以特徵分析進行的客戶分類和管理僅僅是概括性或示意性的，企業的營業員在實際運用這一方法時，可加以具體化，根據企業自身的情況及總的信用政策，制定更加詳細的客戶選擇和維護辦法。

心得欄 ------------------------------

第 四 章

企業的信用額度管理

1 客戶信用管理的流程控制

信用管理一旦失控，將會給企業帶來大量的壞帳、呆帳，進而降低企業的資金週轉速度，影響企業貨款的回收，吞噬企業的利潤。

企業應客觀地評價自身對信用風險的承受能力，制定有效的信用管理政策，明確信用標準、信用期間、授信控制和應收帳款管理政策，並且信用政策的制定與變更須經過財務分析和可行性論證。客戶信用管理的業務流程包括以下步驟：

1. 制定信用管理政策。

信用管理政策主要包括信用標準、信用期間、現金折扣政策和收帳政策，其中最重要的是信用標準的確定。信用標準是指顧客獲得企業的交易信用所應具備的條件；信用期間是企業允許顧客從購貨到付款之間的時間，或者說是企業給予顧客的付款期間；現金折扣是企業

根據客戶的信用期間,針對客戶的付款時間,在貨款上所設定的優惠,現金折扣政策的主要目的在於吸引顧客為享受優惠而提前付款,縮短企業的平均收款期;收帳政策主要是指企業對不同過期帳款的收款方式,包括準備為此付出的代價。

2.收集客戶的資信信息,對客戶進行資信調查。

客戶資信調查是對銷售客戶的資質和信用狀況所進行的調查,並建立客戶資信檔案對客戶的資信信息進行管理。客戶資信信息主要包括客戶的基本信息、財務狀況、經營狀況、業務信用記錄、企業經營人的信用記錄等。客戶資信信息是對客戶進行信用分析和評級的信息基礎,真實性、全面性和及時性是其最基本的品質要求。

3.對客戶進行信用分析和評級。

此環節的工作主要包括:第一,建立客戶信用分析模型,分析、預測客戶信用風險的大小,判斷客戶的真實償付能力;第二,建立並完善客戶的信用風險等級劃分方法、評級標準和評定流程,進行客戶資信評級管理,確定客戶資信等級。

4.對客戶進行授信,確定客戶信用額度和回款期限。

信用額度是指對客戶進行賒銷的最高額度,即客戶佔用企業資金的最高額度。回款期限則是指給予客戶的信用持續期間,即自發貨至客戶結算回款的期間。對客戶的授信應依據客戶的信用分析和評級結果進行,並要實行包括總額控制和週轉控制在內的必要控制措施,且貫徹區別授信和動態授信的管理原則。

5.對客戶授信執行情況進行控制,並實施有力監督。

客戶授信確定後,企業要嚴格按照客戶的授信範圍和額度進行信用銷售,並透過有效的控制和監督,確保客戶授信能夠得到有效執行,即客戶佔用的資金在授信額度之內,回款時間處於回款期限範圍。

6. 對信用客戶加強收帳管理，將壞帳和呆帳風險控制
在企業可以承受的範圍之內。

企業要對賒銷貨款的壞帳和呆帳風險進行充分估計，對信用客戶
的賒欠款項加強對帳和收帳管理，並綜合採取風險規避、風險降低、
風險分擔和風險承受等策略，進行有效的風險應對。

2 善加利用信用評等的優點

企業在進行客戶管理、帳務管理、財務管理時，均有必要實施信
用評等制度。

企業徵信人員就往來客戶、內部與外部因素加以評估。由於個人
主觀的見解、經驗與判斷，徵信報告往往因人而不同，無法達到公正、
客觀的標準，為改進這些缺失，信用管理評等制度乃應運而生。

信用評等是運用統計學上計量的方法，將徵信所獲得的資料，根
據各行業的知識與經驗，制定一套評等標準或評分表，並以簡單的數
字或等級來表示。

我們可運用信用評等，對客戶的經營活動與財務情況，作整體性
的評估，瞭解其信用狀況，並以評等或得分之高低，劃分為「優良、
滿意、尚可、應注意，或危險」等級別，測定客戶往來風險的高低，
並作為擬定信用政策的參考，評等好如「A 級」，即表示客戶之風險性
較少，利潤大。

企業針對客戶實施信用評等制度之管理工作，可帶來下列之優
異：

1. 信用評等可強化企業信用管理制度，增加營業安全檢查，降低呆帳風險與提高獲利能力。

2. 信用評等制度較客觀，可避免人為的偏見與人情包袱。

3. 根據以往交易記錄，可評估客戶對公司之利潤貢獻。

4. 信用評等對個別客戶擬定最高限額，避免往來交易過度集中，可分散風險。

5. 客戶的信用風險標準化，可幫助信用部門主管與徵信人員簡化作業程序，並有共同規範可以遵循。

信用評等雖有客觀、科學與操作規程簡便等優點，但在實施時仍應注意下列事項：

· 彈性調整修定：

信用評等為靜態的分析，未考慮時間的變化因素，故應定期（每季或半年），或不定期重新修定。

· 本業專業知識：

企業規模大小不同，性質特性不同，故各公司設定評等，應以本行業的經營環境，考慮自身的財力與物力。

· 財務分析能力：

設定評等人員與會計人員，須具備財務報表分析的能力，與基本的會計知識，不是僅懂簿記和記帳工作者即能勝任。

· 範圍取樣須廣：

評分構成之各項因素，應廣為採樣詳細分析，並應以能反應企業之信用狀況為前提，例如三 F、五 C、五 P 要點。

3 企業要對客戶實施信用評等

中小企業依據客戶的資力、背景、管理能力等作成評估,其信用評定主要項目之選樣,可以考慮以五 C 為內容,而這些資料可透過銀行,由該公司與客戶的往來交易所提供:

1. 企業與個人信用情況。
2. 交易實績,交易量大小。
3. 對本公司利潤貢獻大小。
4. 企業未來展望。
5. 企業獲利能力與同業的比較。
6. 徵信人員實地徵信的報告。
7. 企業及其負責人財力與資力。
8. 資產負債表之穩健性。

具體說明如下,假設信用評等分為 A、B、C、D、E,分明給予若干信用額度(或分為 A1、A2、A3、A4、A5),信用評等的等級簡單可劃分為:A 級優良客戶,B 級滿意的客戶,C 級應該注意的客戶,D 級有危機的公司四個等級。其適用條件分述如下:

A 級:優良客戶。

・ 在同業與銀行界必須具備最高的信譽。
・ 有穩定高於同業的獲利能力。
・ 有穩健的資產負債表。
・ 與公司往來前幾名的廠商,且信用良好者。
・ 第一類股票上市公司,盈餘良好者。

- 全國性績優的大廠商。
- 國營事業與公用事業。
- 國防與政府單位。
- 財力雄厚的廠商。
- 對本公司利潤貢獻極佳者。
- 自動付款交易情況良好者。

B 級：滿意客戶。

- 長期往來性客戶，收付款情況正常。
- 財務情形尚滿意。
- 公司獲利情形良好。
- 往來交易量極為平穩。
- 企業與負責人無不良風評。
- 對公司有正常利潤的客戶。
- 地方性的廠商。
- 上市股票公司，盈餘正常。
- 業界與銀行界風評良好。
- 小型企業具有潛力者。

C 級：應該注意的廠商，交易零星的客戶。

- 往來交易有停滯或換票情形者。
- 查詢往來銀行實績較差者。
- 公司或工廠為租用者。
- 企業財力薄弱者。
- 新成立公司營業未滿三年者。
- 舊客戶久未往來，近來重新往來者。
- 夕陽行業的廠商。

- 不景氣受害較嚴重的廠商。
- 負債比率偏高的廠商。
- 有財務糾紛或訴訟的廠商。
- 徵信資料不全的廠商。
- 同業往來交易有瑕疵紀錄者。

D 級：應特別注意的客戶。

- 營業情況不良者。
- 獲利能力差，近年嚴重虧損者。
- 不良的資產負債表，負債情形嚴重。
- 產品滯銷情形嚴重。
- 負責人關係企業經營失敗。
- 被主要往來客戶重大倒帳。
- 股東不和，情形嚴重。
- 水災、火災等重大變故者。
- 重大股東退股。
- 有重大漏稅或違法情形。
- 業界傳聞不穩。
- 有退票等不良紀錄者。
- 有刑事不良前科者。
- 付款情況不良，經常需要催討者。

4 企業如何設計授信流程

信用管理人員必須在自身權限範圍內，按一定的程序批准、授予客戶信用額度，並承擔相應的責任。具體授信流程如下：

1. 設定信用額度審批權限

授予信用額度是信用管理部門內部的職責，但為了避免丟掉獲得訂單的時機，企業應當採取靈活應變措施，對大區的業務人員可以授予一定的臨時信用額度審批權限。為了避免各大區業務人員擅自審批授信額度，造成分散在各大區的風險在整個企業集中，應該規定大區業務人員一年內的累計授信額度，並規定如果授信在一年內失誤超過2次，即取消該大區業務人員的臨時信用額度審批權限。為了加強控制，大區業務人員在授予客戶臨時信用額度以後，必須報信用管理部門備案，由信用管理部門進一步審核。

對銷售部門經理可以授予高於大區業務人員的臨時信用額度審批權限和累計授信額度。由於銷售部門經理的臨時授信審批額度大，發生風險造成的損失也大，所以規定在一年之內授信失誤超過2次即取消其臨時授信額度審批權。

信用管理部門經理和財務總監或主管副總經理擁有正式的賒銷額度審批權，審批的權限也較大，但是必須規定單筆業務的審批最高限額。

2. 客戶提交信用額度申請表

客戶提交的信用額度申請表應該包括如下內容：客戶全稱、詳細位址、付款聯繫人姓名、聯繫電話、公司成立時間和從業歷史、銀行

對客戶評價、供應商對客戶評價、估計進貨額、要求信用額度、最新經註冊會計師審計的財務報表、接受本企業的信用條件或條款項目的說明、分銷商個人擔保條款等。

為了較快地取得其他供應商對客戶的評價及客戶情況的描述，可以由銷售人員選擇客戶若干特徵編成表格，向其他供應商諮詢客戶資信狀況。

3.批准或拒絕客戶信用額度申請

在決定是否批准客戶的信用額度申請之前，首先要對客戶的資信狀況進行評價，根據評價的結果確定是否接受客戶的信用額度申請。如果批准客戶的申請，應當儘快告知客戶，同時告知客戶本企業對提前付款的現金折扣政策，鼓勵其提前支付貨款。如果拒絕客戶的申請，也應當儘快告知對方，為了避免傷害客戶感情，為今後與該客戶往來留下餘地，應該委婉地說明本企業的信用政策，爭取得到對方的理解，同時表達希望透過其他方式銷售貨物給對方的願望。

4.調整賒銷額度

客戶的狀況每時每刻都在發生變化，為了使授予客戶的信用額度與客戶的資信狀況一直保持一致，企業每隔半年就要對客戶進行重新審核，對客戶的信用額度進行相應調整。另外，從客戶方面來講，如果客戶要求提高信用額度，或者訂單超出額度，企業都要考慮修改對該客戶的信用額度，修改與否取決於對客戶最近一次評價的結果。如果發現客戶有異常變動可能影響其償付貨款時，企業也要對客戶重新進行評價，修改對該客戶的信用額度甚至停止對其進行賒銷。

總之，對客戶授信必須有嚴格的權限劃分，明確責任，同時必須嚴格按照授信流程辦理，只有這樣才能使信用額度管理規範化。

5　企業實施信用評等的方法

企業如何劃分各級信用評等客戶呢？在方法上，可以使用「以營業額為基礎」、「以付款情形為基礎」、「以利潤與往來交易紀錄為基礎」、「以銀行五C為基礎」、「以財務狀況為基礎」。說明如下：

1. 以營業額紀錄為信用評等到的基礎

將客戶按照營業額多寡分成三個等級，例如「佔公司營業額50%的那一群客戶」、「佔公司營業額30%的那一群客戶」、「佔公司營業額20%的那一群客戶」等，企業要個別採取因應對策。

表 4-5-1　以全部營業額為基礎評等

客戶等級	性　質	公司應採取之對策
A	10%之客戶，佔公司50%之銷售額	①客戶個別訂價，給予折扣。 ②加強促銷與服務。 ③優先送貨補貨。
B	30%之客戶，佔公司30%之銷售額。	①正常情況銷貨。 ②一般性訂價。 ③定期促銷與送貨。
C	60%之客戶，佔公司20%之銷售額	①票期縮短，給予折扣。 ②現金交易，給予小額現金折扣。 ③徵求人或物之擔保。 ④開發國內信用狀，利用銀行為仲介

2.以付款實際情形為信用評等基礎

將客戶按照付款實際情形,而區分為「自動按時付款」、「被動需要提醒」、「要催收付款」等。

表 4-5-2　以付款情形評等

客戶等級	說明	公司應採之對策
優等	自動按時付款。	加強銷售,定期徵信。
中等	被動,需要提醒。	重點促銷,每月徵信。
劣等	要催討,有延票,常換票紀錄者。	①現金交易,給予折扣。 ②如為擔保銷貨,須隨時注意。 ③利用銀行仲介。

3.以利潤及往來交易紀錄為信用評等的基礎

將客戶分成五個等級,按照利潤高,主要客戶,正常往來客戶、小客戶、小訂單、利潤低⋯⋯等,公司分別因應加以採取的信用評等對策。

客戶等級雖訂定了,但仍要定期(一季、半年)或不定期的加以機動調整。

表 4-5-3　以利潤及往來紀錄為基礎評等

客戶等級	說　　明	公 司 應 採 之 對 策
1	優良客戶與主要買主，利潤較高。	①為公司促銷的重點。 ②可個別擬定銷售政策。 ③優先送貨。
2	正常往來客戶利潤正常。	①定期性促銷。 ②尋求有潛力之客戶。 ③按時送貨。
3	小客戶，零星訂單，利潤較低。	①票期較短。 ②規定最低訂購量。 ③未達基本送貨量者，提高其售價。
4	新客戶或舊客戶久未往來者。	①交易前半年或 1 季，採現金交易，給予現金折扣。 ②往來數量較大者，採人或物的擔保，或利用銀行仲介。
5	信用紀錄不良者。	①採現金交易，給予折扣。 ②如採信用交易，須徵求等值之不動產擔保，或有資力的保證人。或利用銀行開發國內信用狀等金融機構仲介。

4.以銀行界慣用的五 C 原則作為信用評等的基礎

將客戶的付款的品質，依照信用狀況、資本結構、能力、企業展望與擔保品等，作為信用評等的基礎。

表 4-5-4　以五 C 原則為基礎評等

評　分　內　容	評　估　總　分	分　數
1.信用情況		
⑴公司與負責人信用情況。	8	
⑵有無退票等不良紀錄。	6	
⑶以往往來紀錄。	6	
⑷與公司往來年數。	6	
2.資本結構		
⑸負債比率＝負債÷淨值	8	
⑹流動比率。	6	
⑺總資產週轉率。	6	
⑻會計、財務是否健全。	6	
3.能力		
⑼負責人與幹部事業技術。	6	
⑽企業成立年數。	6	
⑾應收帳款週轉率。	6	
⑿存貨週轉率。	6	
4.企業展望與擔保品		
⒀業界目前情況。	6	
⒁營業額成長率。	6	
⒂擔保品的價值與保證人	6	
之資力。	6	
合　　　計	分	等級
評註：		

5. 以財務狀況為信用評等的基礎

用財務管理的流動性比率、負債比率、收益性比率的各種計算公式，作為信用評等的區分基礎。

表 4-5-5　以財務信用評等

	比率別	計算公式	計算	同業比率	評註
Ⅰ 流動性比率	流動比率	流動資產÷流動負債			
	速動比率	（流動資產−存貨）÷流動負債			
	存貨週轉率	銷貨成本÷期末存貨			
	應收款項週轉率	銷貨÷（應收帳款+應收票據）			
Ⅱ 負債比率	負債對淨值比率	負債÷淨值（自有資本）			
Ⅲ 收益性比率	純益率	本期純益÷銷貨			

6 針對客戶設定信用額度

一旦設定信用評等的基礎後,根據實際狀況,將客戶區分為某級,針對此級客戶,企業給予若干信用額度,例如信用額度二十萬元。

賒銷限額是信用評等的產物,兩者互為因果,相輔相成,其目的無非在降低賒銷的風險,確保交易的快速與安全。

賒銷額度是指公司依照信用評等的等級,每月給予各個客戶最高的賒銷限額,在這個限額內,可以應收票據或應收帳款交易,無限制發貨,但如超出限額外的交易,則限制出貨,除非採取「現金交易,不動產擔保或銀行開發國內信用狀」等仲介方式進行交易。

換句話,賒銷限額乃指對每一客戶給予「應收未收款,和應收未兌現票據合計數之最高賒欠限額」。

信用評等視企業所採標準而定,如採等級法,例如某某公司經過徵信調查後,評定為「A級」,則每月給予一百萬的賒銷限額,在此限額內發貨。

表 4-6-1　客戶徵信評分表

信用評等等級	信用評分	賒銷限額	額　度　外
A級:優良	80分	100萬	現金交易或要求擔保
B級:滿意	60分	50萬	現金交易或要求擔保
C級:應注意	50分	30萬	現金交易或要求擔保
D級:危險	40分	現金交易給予折扣	現金交易或要求擔保

　　另有一家公司採用信用評分表，對客戶徵信如評分為「50分」，則給予二十萬元的賒銷額度。

　　根據信用評等之後，給予信用額度若干，此種作法有其優點、缺點，說明如下：

　　優點：

　‧防止信用膨脹，避免不必要的呆帳發生。

　‧提高交易作業效率。

　‧提高業務人員的警覺性。

　‧計算授信成本，減少財務費用的負擔。

　‧寧缺勿濫，避免過度擴張。

　　缺點：

　‧業務推展較為保守，極易失去部分客戶。

　‧額度設定較難，額度太緊，產生銷售萎縮；額度太松，與未設定的效果相同。

　　客戶賒銷額度設定後，公司即在額度範圍內加以發貨，超過額度則由會計填寫賒銷額度超額單一式三聯，第一聯予營業人員提請注意，第二聯予信用部主管限制發貨，第三聯會計自存。

　　額度之最高限額為「應收未收帳款+應收未收票據+本次發貨之金額」合計數。在額度內無限制發貨，超過額度時如數量較小時，可由信用部主管或經理核准，數量超額太大時，則須經董事長或總經理核准，方可出貨。

7 如何設定客戶信用額度

　　與資信狀況良好的客戶發生交易可以給企業帶來巨大的財富，但是授予資信狀況不佳的客戶信用限額卻能給企業帶來風險和損失，所以在客戶選擇上的隨意性會給企業帶來不必要的風險。信用分析幫助企業識別那些有價值的客戶並做出果斷的交易決策，保護對公司有較大交易價值的客戶，以獲得更多的商業機會。信用分析的方法提供了一個選擇信譽良好的客戶、剔除風險較大的客戶的方法，使得企業遭受客戶信用風險的可能性大大降低，具體方法如下：

1. 根據客戶不同的信用特徵等級實行不同的政策

　　運用特徵分析模型對客戶資信狀況進行定量分析，可以把客戶分為六個不同的等級，即 CAA、CAB、CAC、CAD、CAE 和 CAF 級。根據不同的信用特徵級別，企業應當實行不同的信用政策，具體如表所示，企業在具體應用的時候還要結合自身的情況加以分析利用。

表 4-7-1　信用特徵等級

信用特徵級別	客戶特點	實行的政策
CAA 和 CAB 級	實力雄厚；規模較大；佔有本公司相當大的銷售比率；前景看好；信譽優良。	在信用上應該採取較為寬鬆和靈活的政策；建立經常性的聯繫管道，努力維護良好的業務關係，發展和客戶業務人員及高級管理人員的個人友誼；時刻關注客戶狀況，及時瞭解信息。
CAC 級	數目較多；從總體上看沒有太大缺點；目前沒有破產徵兆；具有繼續保持交易的價值。	以信用限額為標準進行適當的控制；爭取與他們建立良好的關係並不斷加深瞭解；定期收集這類客戶的經營狀況和產品市場變化狀況。
CAD 級	一般是新客戶或與企業發生業務往來時間不長的客戶；對客戶資信狀況瞭解不全面。	企業應當保持一定程度的謹慎，實行較為嚴格的信用政策；必要時要求客戶提供相應的擔保；自行對客戶做專門的調查或委託專業機構對客戶資信狀況進行評價，從中發現優質的客戶。
CAE 和 CAF 級	資信狀況較差；或者難以在合理的成本下取得該類客戶的資信狀況信息；交易價值不大。	避免與這一類型客戶發生信用交易，而應該以現金交易方式進行；不作為重點關注對象加以考查；對一些價值非常小、管理成本高的客戶可以放棄。

2.根據與客戶交易金額比重大小實行不同的政策

按照與客戶交易金額佔企業銷售額的比重可以把客戶分為大客戶、中等客戶和小客戶。

⑴大客戶的數量不多,但與大客戶的交易金額卻可以佔到企業交易額的相當高的比重,大客戶一旦發生信用風險,對企業的打擊是毀滅性的。因此,對大客戶要不遺餘力地進行維持,建立牢固的業務關係,同時防止同業競爭對手挖走大客戶資源。

⑵中等客戶的數目較多,企業與每一個中等客戶發生的交易金額也比較大,中等客戶發生風險對企業的影響也比較大。因此,企業應當對這類客戶給予適當關注,花費適當的時間和人力去維持與中等客戶的關係,並調查其經營狀況的變化。

⑶小客戶的數目很多,大約可以佔到企業客戶總數的 60%,但是小客戶與企業的交易額很小,企業從小客戶那裏取得的收益也很小,卻要發生較大的管理成本。因此,企業不必花費太大的代價去維持關係,一旦小客戶發生拖欠應當立即停止供貨,直到小客戶付清以前所欠貨款。

3.根據授信額度的大小實行不同的政策

⑴為了避免和減少應收帳款發生壞帳所帶來的損失,企業對於授信額度大的客戶應當給予更大的關注,努力維持與這些客戶的關係,並在交易中給予適當的優惠,同時與客戶業務人員以及管理人員建立良好的個人關係。

⑵企業對於授信額度較小的客戶,應當考慮維持客戶關係所花費的成本和維持客戶關係所帶來的收益那個較大,企業應當放棄那些為維持關係所發生的邊際成本大於邊際收益的客戶。

⑶對於沒有信用限額的客戶,企業應當格外謹慎,收妥款項以

後，才予以供貨。

　企業根據不同的標準對客戶採取不同的政策，是實現利潤最大化的目標所決定的。企業對於價值大的客戶，就應當花費較大的成本去維護：對於價值小的客戶，就要花費較低的成本去維護；對於那些價值小而管理成本很高的客戶，企業就應當果斷放棄。

4.信用額度的修正

　根據信用評等之後，給予信用額度，此信用額度並非一成不變，必須隨時機動修正之。

　賒銷額度隨著時間與風險的變遷，極易產生差異性，必須定期性的重新評定，重新調整客戶的賒銷限額，一般以一季或半年為準，選擇淡季時實施修定較適宜。超過一年以上，則風險性增加。

　修正的時機是：

・客戶產生異常情況時，例如存貨大量積壓時。

・定有限額，但交易經常超過賒銷限額者。

・同業間傳聞不良風聞時。

・付款情況惡化者。

心得欄

第 五 章

企業的催收管理

1 收款員平常就要有人際關係

在行銷、收款的過程中，應設法與有關人員建立起良好的人際關係，才有助於提高收款效率，再創新業績。

業務代表收款效率的高低，和他對「人際關係」的重視以及受歡迎的程度成正比。

如果絕大多數的客戶對你處處表示出相當友善的態度，而且心甘情願地按時如數付款，那麼，就可以斷定你的人際關係十分不錯，非常受人歡迎！

反之，如果客戶對你常常「吹毛求疵」，表現出「不甚友好」的態度，經常讓你吃閉門羹或拖延時日付款，那麼，你的人際關係就有待改善了。

1. 想要獲得良好的人際關係，就要廣結人緣。

所謂「廣結人緣」，就是在推銷、收款過程之中有計劃地和「有關人員」建立「如膠似漆、長相往來」的親密關係，並使對方對你產生好感的一種人際行動，最終目的當然是增進收款效率和再創新業績。要做到「廣結人緣」，首先要瞭解其真諦所在：

「廣結人緣」是一種藝術，使業務代表能在客戶和其內部有關人員中留下一個良好的印象。利用「廣結人緣」的便利性，有效掌握影響「收款方法和條件」的有利形勢，並避免各種不利的形勢。

「廣結人緣」是一種收款技術，也是一種做人的藝術，當然需要經常檢討和改進，只要用心學習，收款效率就會跟著蒸蒸日上。

當我們要展開「廣結人緣」的收款戰術時，首先要找準「對象」才行，也就是說，你要分析每一個客戶在付款流程和手續上，具有絕對影響力的人員是何許人？董事長、總經理？會計主管？驗收人員？採購人員？還是秘書？

當確定和掌握了對付款有影響力的人員之後，要「投其所好」，全力去滿足對方的需要和期望，儘量減少被抱怨問題的產生，並且經常去瞭解他對本公司服務態度的反應、產品使用的意見，以及期待本公司應改進的地方，這能對夥伴關係建立起很大作用。

要經常和客戶保持良好的「水乳交融」關係。以下六種方法，有助於強化你和客戶之間的良好關係：

⑴售前、售中和售後的週到服務。

⑵定期寄送有關公司產品的新聞、通信刊物。

⑶經常以「電話」、「書信」或「訪問」方式保持客戶的好感。

⑷協助客戶爭取生意或告知生意機會。

⑸利用三節、婚喪喜慶機會饋贈禮金，表達心意。

⑹提供各種經營管理的具體實施方法。

在實施「廣結人緣」的具體活動時,業務代表要將每一個客戶信用和收款方面相關的資料,建立在顧客文件內的「收款信息項目」裏面,其中要詳細記錄該客戶最終核准付款權的人員「職稱及姓名」、「請款的時間」、「請款應具備的文件」、「付款的時間」、「領款時應拾的合約、印章和發票」及「何人執行付款手續」等資料,以作為請款及收款參考之用。

2.收款要從修身的功夫下手

「廣結人緣」這個看似簡單的收款戰術成功與否,完全要看執行的業務代表對「廣結人緣」的觀念有沒有正確的認識,以有有沒有運用正確的方法和相關的人員建立起和諧的關係。

你想要收款業績長紅嗎?那麼你必須要做到以下四點:

⑴真正喜歡收款的工作。

⑵向專家看齊、學習。

⑶下定決心,要成為一名收款高手。

⑷掌握「人際關係」的制勝秘訣。

什麼是人際關係的制勝秘訣呢?簡單地說,就是在廣結人緣之前,先做好「修身」的功夫。因此,在展開「廣結人緣」的戰術以前,業務代表不妨先從下列平常的「修身」功夫著手練習:

⑴經常面帶微笑。

⑵待人如待己。

⑶使別人感覺受到尊重。

⑷勇於認錯。

⑸避免爭論。

⑹善於傾聽。

當自我修身功夫可以進入「律己」、「慎行」和「謹言」的境界時，再加上「擇善固執」勇往直前的執行力，配合上述所談到的「廣結人緣」三部曲，你一定能在執行收款行動上「水到渠成，大放異彩」。

2 服務好，帳當然就好收

做好售前、售中、售後服務，可使收款速度加快，客戶的滿意度也隨之提高。

1. 主動服務贏得芳心

商業鉅子王永慶先生創業之初，開過一家米店。開張初期，生意非常差，因為生意銷售的對象是每個家庭，而他們都已經有固定的米店供應，王永慶要把別家米店的固定客戶挖走，可真是相當困難，於是有人勸他改行。不過，不服輸的王永慶並不就此收攤關門，反而激起他強悍的鬥志，為了讓更多人知道他開米店，他每天更加勤快地拜訪鄰居街坊，讓大家慢慢開始瞭解他。皇天不負苦心人，王永慶終於爭取到幾家願意試用的客戶，開始有了一些生意。

王永慶心想：「如果我的米的品質與服務不比別人好的話，這幾家好不容易爭取來的試用戶，說不定在試用之後又會回頭向原來的米店買了。這麼一來，連原有的試用的客戶也保不住，更談不上再去爭取其他新客戶了。」

為了開拓更多的新客戶，以及維繫正在交往中的客戶，王永慶就花了許多功夫，用心研究每個家庭買米的習慣和所遇到的問題所在。沒多久，王永慶終於找到了掌握住老客戶的關鍵所在。他認為「品質」

是客戶最優先關心的，於是他先在米的品質上做改善，將混雜在米堆裏的米糠、砂粒、小石頭等雜物撿乾淨，再將米賣給顧客。

除了改善米的品質外，王永慶又想出了一套主動服務客戶的方法──「先發式服務」。這套主動服務的做法，大受顧客的歡迎，生意越做越好，而且幾乎每次都能把賒欠的米款全部收回來。王永慶這套「先發式服務」的方法是這樣的：

⑴主動先發：改被動等顧客上門買米的方法為主動送米到顧客家裏，一般在顧客吃完米之前的兩三天，就已經把米送到。

⑵先進先出：送米到顧客家裏之後，把米倒入米缸之前，把舊米掏出來，將米缸清洗一下，然後把送來的新米放在下層，舊米放在上面。

⑶用心記錄：利用顧客最方便付款的時間前去收款。王永慶將全部的客戶分門別類，用心打聽出他們的發薪日，然後記下來，等顧客領薪之日，再前往收款，結果都可以很順利收回。

2.售後服務好才容易收款

客戶簽署訂單之後，生意並沒有結束，推銷工作才剛開始而已！其實，真正的推銷工作永遠沒有終點，當客戶第一次答應訂貨時，業務代表只不過是完成了推銷的初步工作而已。

從客戶訂貨之後，要處理這筆交易的人員，除了「業務代表」本身之外，還要「勞師動眾」一番，經過公司的「業務助理」、「會計人員」、「倉儲人員」、「作業員」等努力生產、開具發票、記帳、包裝、寄送等工作，才能將客戶所訂的貨品交給客戶。

這些「連續性、反覆性」的工作所花費的時間，可能和業務代表與客戶洽談生意的時間一樣多；在這些行政和服務作業的流程中，只要公司提供的貨品品質略有瑕疵、交貨速度稍有耽擱或者開具發票略

有錯誤，客戶就可能不願意結清貨款，甚至還要中止以後的交易。

所謂銷售，是由調查、推銷、收款和服務所構成的，這四項活動在順序上可能有先後之別，在個體上各自獨立。但就其整體關係來說，是密不可分的。所以，絕對不要以為推銷成功、拿到客戶的訂單就大功告成了，就不用再費心在售後服務工作之上了。要特別記住，在推銷完畢之後，業務代表要發揮售後追蹤和服務的工作，比在推銷之前可能要來得更多。假如你在成交之後沒有做售後追蹤和服務工作，想輕易地收回貨款，再創新的業務成績，那可真是「難如登天」。

觀念落伍的業務代表經常被客戶戲稱為毫無頭腦的「訂貨補貨員」！這種機械式的推銷方法最常見的是向「零售店」訪問推銷的業務代表，這些不懂得掌握客戶心理的業務代表，每天出門訪問時，手中拿著一本訂貨簿，到了零售店，習慣用這麼一句推銷的口頭禪：「丁老闆，今天要補多少打奶粉？多少箱速食麵？」

像這種完全只站在自己立場從事推銷業務的業務代表，一定不會受到「零售店」老闆垂愛的，當然，其推銷的業績自然也不會有驚人的表現，至於其收款成績更不用說了。

一位懂得掌握「零售店」老闆心理的業務代表，他會站在「服務客戶」的立場、角度處處為對方著想，並且想盡辦法幫助客戶解決他的難題，不僅售前、售中的服務做得無懈可擊，同時，更善於利用「售後服務」來使客戶獲得實質上的利益，並和客戶建立起良好的關係。唯有真正贏得客戶的滿意和好感，客戶才會心存感激，投桃報李，準時結清貨款，並繼續訂貨。

3.將被動付款轉為主動收款

在和「零售店」打交道時，有「以客為尊」觀念的業務代表不僅會利用各種推銷技巧說服老闆訂貨，更會認真地分析該店面的「產品

種類、陳列、回轉速度、商圈、購買對象」，以及經常來店購買顧客的「水準、職業、購買動機、方式、數量和品種」，然後，再提供有助於該零售店迅速回轉的貨品，讓零售店老闆感覺到貨品的快速銷售，增加對銷售的興趣和信心，建立起雙贏的夥伴關係。如果要做得更深入、更貼心，業務代表還可以進一步主動協助零售店加強「店面陳列、張貼海報、寄發廣告傳單」，甚至協助其舉辦「週年慶典活動」，以招徠更多的顧客光臨購買。經過業務代表主動地、熱誠地提供種種的「售後服務」，零售店生意一定日漸興隆、廣進財源，那麼，不必業務代表前往收款，零售店都會自動地、提前地給付貨款。像這種利用「售後服務」將客戶被動付款的心態轉變成「樂意主動付款」的手法，才是優秀業務代表應追求的完美境界。

站在客戶的立場、角度為其提供「售後服務」，是增進快速收款的無形利器，業務代表須掌握其妙用，藉以提高收款成績，進而再締造更優異的推銷成績。實施「售後服務增進收款成績」方法之前，如果能夠再次深入瞭解「服務」的真諦，你必能更加得心應手而發揮得淋漓盡致。

4.售後服務勝於一切

服務的內容可分為「售前、售中和售後服務」，其中又以「售後服務」最重要。提升收款成績、創造再交易業績的最直接方法就是做好「售後服務」，落實顧客滿意度管理。所謂「售後服務」的方法，由於行業、企業和服務的手段各有不同，大致說來，不外乎下列七種：

(1)定期進行檢查維護，發揮商品功能(適用於工業設備、機械等行業)。

(2)履行交易時約定事項(適用於所有行業)。

(3)提供最新商品資料、信息(適用於所有行業)。

(4)提供海報、廣告貼紙、樣品、贈品(適用於信息、通信、家電零售行業)。

(5)提供各種促銷方法、技巧(適用於信息、通信、家電零售行業)。

(6)快速正確地換回瑕疵品(適用於所有行業)。

(7)有效且快速處理客戶的抱怨與異議(適用於所有行業)。

沒有售後服務的推銷是一種降低客戶付款意願的自殺式做法,不足為取;不提供「售後服務」的業務代表更是零售店老闆最不歡迎的人物。為了達成收款的目標,業務代表應當以運用「售後服務」為增進收款成績的成就為榮。要成為一位到處受人歡迎的收款高手,快捷方式之一,就是成交後,不要忘了給你的客戶提供競爭對手永遠跟不上的「售後服務」。

3 企業收款員的收款能力

上門收帳是如此需要技巧,以至於即使從事法律工作多年的優秀律師有時都無法勝任。一個優秀的律師原則上只需要具備豐富的法律知識,雄辯的口才,在法庭上充分闡述自己的觀點,他就已經取得了成功。也就是說,律師更多地是通過法律途徑取得成功,而很少面對面向債務人交涉,收回欠款。

但是,對於一個優秀的收帳人員,他可能只需要與債務人的一次見面,一起拖延已久的糾紛就迎刃而解了,根本無須走上法庭。這時,收帳人員的能力體現在許多的方面。這些方面包括:知識素養、能力以及個人魅力。

1.收帳員的知識

優秀的收帳人員的素質不是與生俱來的，他必須學習大量的知識。其中法律知識、商業知識和財務知識是最基本的要求。

(1)法律素質

收帳人員必須從事過多年的法律工作，對法律了如指掌。在與債務人的交談中，輕而易舉地抓住債務人的法律漏洞，爭取談判的主動。

(2)商業知識

熟悉各種商業活動的慣例、規則，瞭解內貿和外貿的每一步作業程序。

(3)財務知識

掌握內貿和外貿的各種支付、結算、票據的知識。

2.收帳員的能力

具有豐富的知識仍然不能成為一個優秀的收帳人員。他必須提高自己的能力。

(1)冷靜

這是最難以培養的能力。當收帳人員與債務人見面時，他可能面對債務人的不同反應，或平靜、或激烈；或熱情、或冷淡；或有禮、或粗暴；或藏而不露、或鋒芒畢露，各種情況，不一而足。這時，保持冷靜是收帳人員最難得的能力。一旦收帳人員失去冷靜，就會表現出慌張的表情和混亂的思維，無法控制債務人而導致追討失敗。

(2)控制

面對面的交涉是控制與反控制的較量，這種控制和反控制的過程在每次收帳中都會遇到。優秀的收帳人員會引導債務人沿著自己的思路發展，狡猾的債務人也千方百計地控制局面。如果收帳人員沿著債務人的思路談話，這次收帳活動必然失敗。因此，一定要在會面的開

始就學會控制住債務人。

(3)敏銳

在收帳人員和債務人不間歇地交談過程中，收帳人員必須迅速抓住債務人話語的某些漏洞或者債務人的弱點，並在不間斷談話的情況下迅速思考最有利的攻擊辦法，並在最佳時間以最佳方式向債務人發動攻擊。

(4)判斷

許多機會是在談話中遇到的。收帳人員要有良好的判斷力，當認為債務人已經做出了最佳的還款承諾，或者由於情況的變化不得不改變原先的計劃時，收帳人員必須當機立斷，按照新的方案實施。如果收帳人員頭腦僵化，不懂得靈活處理，就會喪失良好機會。

3.收帳人員的大忌

收帳工作是一項個人魅力的體現，收帳的最高境界是，當帳款安全收回的同時，收帳人員也同債務人成為好朋友。這種情況在收帳機構中屢見不鮮。

如果收帳人員存在以下的問題，帳款就極有可能永遠無法收回了。

(1)慌張

慌張體現在各個方面，有語言方面的，比如：口齒含混、口吃、聲音微弱、長時間不說話、言語過激等；有形體方面的，比如：手足無措、下意識動作、不敢正視債務人、身體僵硬、臉紅等；有思維方面的，比如：思維混亂、健忘等。慌張的原因可能是經驗欠缺、被債務人控制或準備不足。

措施：必須立刻停止自行收帳，改為協助其他經驗豐富的人員繼續進行工作。

(2)屈從

無論債務人提出什麼條件，收帳人員的第一反應都是「讓我考慮考慮」。於是，債務人的要求越來越多，收帳人員步步後退，直至最後退出債務人的大門。

措施：學會必須堅守的原則，但可作適當的變動。

(3)輕易放棄

有的收帳人員意志脆弱，一旦債務人態度強硬，馬上產生畏懼心理，匆匆與債務人交涉兩句就返回交差了，再也不過問這個案子。

措施：學習鍛鍊自己的意志，告誡自己，只要自己再堅持下去，一定能夠取得效果，其實債務人也十分畏懼。

(4)缺乏判斷力

把沒有原則的承諾當作靈活，把本來可以靈活的當作原則，使簡單案件複雜化。

措施：向有經驗的收帳人員學習。

(5)缺少風度

收帳人員衣著隨便、鞋髮髒亂、面容憔悴、坐立失態、不注意公德，這是缺乏教養的表現，也必然得不到債務人的尊重。

措施：改變收帳人員自己生活方式，注重自身形象和舉止，在債務人面前表現出良好的風度。

4 收款員的工作守則

1. 帳單分發

(1)財務部帳款組依業務員類別整理帳單,定期彙集編制帳單清表一式三份,將帳單清表二份連同帳單寄交業務人員簽收。

(2)業務人員收到帳單清表時,一份自行留存,另一份應盡速簽還財務部帳款組,如發現有不屬本身的帳單,應立即以掛號寄回。

(3)客戶要求寄存帳單時,應填寫「寄存帳單證明單」一份,詳列筆數金額等交由客戶簽認,收款時才交還予客戶。如因寄存帳單未取得客戶簽認致不能收款時,由業務人員負責賠償。

(4)收到公司寄來的帳單後,於訪問時如未能立即收款,則應取得客戶於帳單上的簽認,若未能取得客戶的簽認,則應儘快於發貨日起三個月內,向總務部申請取得郵局包裹追蹤執據,憑執收款。逾期不辦致無法收取貨款時,由業務人員負責賠償。

2. 收款處理程序

(1)業務人員於每日收到貨款後,應於當日填寫收款日報表一式四份(一份自留,三份寄交公司財務部出納組)。

(2)屬於本市的,直接將現金或支票連同收款日報表第一、二、三聯親交出納並取得簽認。

(3)屬外埠地區的,應將現金部分填寫××銀行送款單或郵政劃撥儲金通知單,存入附近××銀行分行或郵局。

次日上午將支票、××銀行送款單存根或郵政劃撥單存根,用回紋針別於收款日報表第一、二、三聯,以掛號寄交財務部出納組。

業務人員應將掛號收執貼於自存的收款日報表左下角備查。

3.收款票期規定

(1)依客戶的區別規定如下：

①直接客戶：以貨到收款為條件者，由送貨員收取現金。簽收的客戶，則為銷貨日起一個月內的支票或現金期。

②一般商店：自銷貨日期起三個月內的票期。

(2)收款票期超過公司的規定時，依下列方式計算收款成績：

①超過 1—30 天時，扣該票金額 20%的成績。

②超過 31—60 天時，扣該票金額 40%的金額。

③超過 61—90 天時，扣該票金額 60%的成績。

④超過 91—120 天時，扣該票金額 80%的成績。

⑤超過 121 天以上時，扣該票金額 100%的成績。

4.收取票據須知

(1)法定支票記載的金額、發票人圖章、發票年月日、付款地，均應齊全，大寫金額絕對不可更改，否則蓋章仍屬無效，其他有更改之處，務必加蓋負責人印章。

(2)支票的抬頭請寫上「××股份有限公司」全銜。

(3)跨年度時，日期易生筆誤，應特別注意。

(4)字跡模糊不清時，應予退回重新開立。

(5)收取客票時，應請客戶背書，並且寫上「背書人××股份有限公司」，千萬不可代客戶簽名背書。

(6)「禁止背書轉讓」字樣的客票，一律不予收取。

(7)收取客戶客票大於應收帳款時，不應以現金或其他客戶的款項找錢，應依下列方式處理：

①支票到期後，由公司以現金找還。

②另行訂購抵帳，或抵交未付帳款中的一部分。

⑧本公司無銷貨折讓的辦法，如因發票金額誤開，需將原開統一發票收回，寄交公司更改或重新開立發票。

如無法收回而不得已需抵扣時，則於下次向公司訂貨時，以備忘錄說明，經業務經理核准後扣除，不得於收款時，扣除貨款或以銷貨折讓方式處理，否則尾數由業務人員負責。

5 正常狀況下的催收貨款作業

企業為確保利潤與資金營運，必須對客戶所欠之帳款加以催收。而帳款之催收因企業性質、產品及客戶等而有所不同，因此，若要確實、迅速地收回帳款，必須將應收帳款作業予以制度化，有計劃持續不斷地催收。

在銷貨後訂定某一時間去催收，對於客戶加以區別分類，以不同方式處理催收事宜，而對於那些經常拖延付款或不正常進貨的客戶，則加以提防及注意。

收回款項的作法，可區分為法律途徑的催收、非法律途徑的催收兩種。一般較普遍的做法有下列幾種：

1. 帳單

於每月之上、中、下旬分別寄發，並為了使客戶迅速付款，在帳單上註明該筆買賣交易當初所約定之付款條件，同時強調付款的期限。

企業在交易初，即與對方談妥收款付帳的方法與流程，避免雙方

的誤解。

2.帳款催收通知

對於帳款尚未付清的客戶,則在帳單上註明「付款期限已到,請付款,或請以撥付或郵寄抬頭為指定受款人之劃線支票」。另外,亦可於約定付款日屆期前五至七天寄上帳單,並於帳單上註明「本帳單僅為核對之用」,本公司預定於某年某日派人前往洽收貨款。事先通知客戶付款日已到,使客戶能惠予合作,順利收回帳款。

3.催收信函

在催收信函中,須依客戶的信用程度而加以區別。並應針對自己的需要,除了在函中予以強調外,還要就將來可能發生的後果,採取必要的防備措施。

對於有誠意且尚有支付能力的客戶,在措詞上應採較緩和的詞句;而對於付款誠意差的客戶,則用比較強烈的措詞。此催告目的在使客戶履行付款,作為日後訴訟證據之佐證。

4.親自訪問

由業務員或收款員親自登訪,採取委婉或嚴厲的向客戶洽收貨款。

5.電話洽談催款

應收帳款以電話來催收,須隨機應變,技巧地使客戶合作而支付貨款。

6.電報催收

此方式大都以徵詢之措施為之。

7.郵局存證信函催收

以郵局存證信函之催收,可表示欠款之嚴重性,及表示債權人態度的堅決。此強調帳款拖欠已變得相當的嚴重,且郵局存證信函具有

法律上催收的效果，可作為日後訴訟時催收證據。

8.索取票據

在交易頻繁之當今，除少數客戶開具即期支票支付貨款外，大都開具三至五個月之期票，若適值銀根緊縮時，票期就有拉長之趨勢，此時對於客戶之信用得多予留意。

應收票據帳款應積極迅速地收回，以便向銀行借款時，作為副擔保品之用。

9.運用商業上收款服務機構收據

如委請信托公司代收帳款。

10.匯票催收

匯票催收在批發及製造業中，通常為強制收款之方法。在各種催收方法中，以匯票催收為最緊急有效的方法，若經過帳款催收及催告函仍無效時，則開出匯票催收。因為匯票催收是一種強制手段，而採用此手段之前，最好先寄一封信通知客戶。事先以信函通知，其用意有二：一則告訴客戶如在某月某日前，再不付款，就將匯票送至其往來銀行。此種催收方式以客戶之往來銀行作為債權人之收款代理人，較為有效。因此對客戶而言，若其再不付款，則往來銀行不僅對其信用打折扣，甚至將遭拒絕往來之命運。故為避免商譽受損，客戶將會履行清償。唯有些銀行拒絕接受此種方式之作業，目前在臺灣利用此方法甚少，恐在實行上有許多不便。

11.律師函

委請律師，以其名義代為發催告信函，此方式較為客戶所接受，且以律師名義，則將來在法律上亦不失為有力之證據。

6 定期拜訪，做到準時準點收款

向客戶收取貨款之前，應與對方約定前往的時間，才不至於徒勞無功。

「定期拜訪」是業務代表要順利完成貨款收回的入門功夫，把它列為收款時的第一個應對要領最合適不過了。

「定期拜訪」的好處在於節省你和客戶雙方的寶貴時間，這種定時定點收款的方法，並不是要把你變成一個隨叫隨到的奴隸，也不是把你塑造成一個終日為收款工作而忙碌不堪的人。

1. 收款容易，費時也短

成功的收款技術，不外乎「快」、「準」、「狠」三字訣。其中，「準」的意思就是準時前往去收款，而在這之前，一定要事先和客戶約好時間才行。如果沒約好時間就貿然前去收款，不但會引起客戶的反感，破壞彼此的關係，而且很難收到錢。「定期拜訪」的重要性，可以用以下的數據來說明：

(1)業務代表對「初次成交」客戶，如果沒有事前約定收款時間而貿然前往收款者，其成功的比例是 20%！至於未與客戶事前約定時間而分別要花兩次、三次、四次、五次以上的拜訪才收回款項者，其比例分別為 31%、28%、11%和 6%。

(2)業務代表未約定時間而第一次造訪就可以順利收回款項者，所花費的時間平均約為 12 分鐘。

(3)同樣，對於第一次成交客戶，沒有事前約定時間而要拜訪兩次以上才能收回款項者，平均所花費的時間約為 85 分鐘。

(4)對於「初次成交」客戶，業務代表事前與客戶約定前往收款時間而順利收回者，佔 94%，只有 6%的業務代表認為事前約定收款時間並無實際作用，在這 6%當中，有 1/6 的業務代表不僅認為無實際作用，而且還會產生客戶「準時」逃避付款時間的反作用。

(5)對於「重覆購買」的客戶，98%的業務代表認為事前與客戶約定付款時間，確實能夠節省時間，而且可以順利收回全部貨款。

(6)業務代表認為事前與「重覆購買」客戶有所約定，平均所花費的收款時間只要 10 分鐘。（所謂花費的「收款時間」，是指從業務代表到達客戶處起算，一直到收到款項離開客戶處所花費的全部時間）

2.掌握四個原則發揮效果

從以上數據資料的分析中，可以很簡單地歸納出一個結論：無論是對新客戶還是老客戶，業務代表事前和客戶約定好明確的收款時間者，順利收回的比例都比較高，拜訪次數少，而且所花費的時間短。所以，「定期收款」可以使收款更加省時、省力，對於提高收款效率有相當大的幫助，是個相當不錯的收款技巧。

至於要如何和客戶做好事前的約定，只要你能好好掌握下列四個原則，一定能發揮「定期拜訪」的良好效果：

(1)推己及人

收款前，一定要擬定好當月的收款計劃。業務代表安排路線前往收款時，最好選擇顧客與自己雙方都認為是最方便的時間，經商討達成協議後，再按時前往；如果一味順著客戶指定的時間拜訪，很容易讓客戶產生「沒有主見」的不良印象，但是，也不能強求客戶配合自己的時間而開罪客戶。要尋找雙方「均蒙其利」的收款時間，才是高明的業務代表應該做到的收款功夫。

⑵事前確認

為了讓收款更加順利,一定要先做好應收帳款的對張單和餘額的確認。傳統的收款方法都是由業務代表到客戶營業所在地,提示有關的債權憑證(如訂貨單、送貨單、簽認單和發票等)供客戶當場逐筆核對,等客戶確認與其擁有的「副聯」核對無誤後,再簽發票據或點交現金給業務代表收執。這種「當面結帳」方式最大的缺點就是對帳時,業務代表必須陪侍在側,與客戶逐筆核對,結果是浪費了業務代表不少寶貴的時間。

為避免時間的浪費,業務代表可以在約定的收款時間以前,編制客戶的「帳目清單明細表」,表內逐筆記載訂貨日期、數量、單價、總金額、統一發票號碼等明細資料,用傳真、E-mail 或郵寄的方式寄達客戶,對方收到後,可以先行作核對。假如內容所載正確無誤,客戶就可以根據雙方約定的付款期限,預先簽發票據或準備現金,等業務代表準時來收款。這樣做,雙方就能夠在極短的時間內完成「交款收款」的工作了。

縱然客戶對於「帳目清單明細表」所載內容有疑問時,客戶也可以在發現之後,立即以電話方式向業務代表求證處理,也能節省雙方當面對帳的時間。

⑶先收後賣

許多高明的業務代表為了有效利用時間,常常利用同一次拜訪客戶的機會來做「一魚兩吃」──推銷和收款同時展開,其優點固然可以節省專程收款的拜訪時間,但缺點是「腳踏兩條船」,經常發生兩頭落空的事。因此,要實施「一魚兩吃」戰術時,一定要把握「先收後賣」的最高法則,訪問客戶時,先和客戶結清積欠款項後,再進一步探求顧客的需要,方能順利地完成推銷的工作。企管諺語「推銷開

始於收回貨款時」，就是這個法則的最佳註解。

(4)化整為零

業務代表在從事收款工作時，難免會碰到一些經濟情況較差的客戶，這些客戶通常會對收款的業務代表大念「賠錢經」，並且說些「等我情況好一點兒的時候，我會主動地打電話通知您來收款……」等沒有確定付款日期、虛與委蛇的托詞。

面對這些客戶使出的「拖延戰術」，業務代表一定要特別謹慎提防，切莫上當。最好的應對方法就是也跟著訴苦，以其人之道還治其人之身，最重要的是拿出全場「緊迫盯人」的戰術，根據客戶的經濟情況判斷，運用「分期清償」的方式來收回所有的債務。這時候，你要好好考慮以下的問題：何時才可以全部收回貨款？答應客戶分期付款的期數？每期應付多少金額？每期的付款日期定在何時？並要求客戶全力配合。

3.定期清償，化整為零

這種「化整為零」的付款方式，每期支付的數額不多，對客戶來說，並不會造成財務上太多的困擾。由於在契約中明確指出客戶每期付款的金額和日期，並請客戶在契約上簽字為證，這種「定期付款」，在無形中就可以增強客戶付款的壓力，對膠著的貨款收回是一個相當有效的方法，因此稱「定期造訪」是一張最靈的「催錢符」，實不為過。

總而言之，要成為一個收款高手，你一定要記住，收取貨款7天之前，一定要事先用電話、信函和客戶約好明確的時間。唯有如此，才能展現你的專業和堅持收帳的決心，加快收回速度。

7 先禮後兵

當客戶有不良債權發生時，不但要立即掌握其財產和信用狀況，更應會同律師共商有效對策，充分發揮催款先禮後兵的看家本領。

貨物如約送達客戶，貨款卻未能如期收回，這不如意事經常層出不窮，防不勝防。因此，經商者最怕選錯交易對象，萬一遇人不「誠」，出售的商品要想收回，一定得大費週折。

經商之道原在「將本求利」，如遇到「打不知痛、罵不知羞」的客戶，當然要專案處理，務必設法將不良債權轉變為良好債權。不過，在處理時儘量避免用「低聲下氣、卑躬屈膝」的方法去催款，否則的話，該不良債權將變成永遠無法收回的呆帳。

客戶「蓄意欺詐」或「惡意賴帳」也不必畏縮膽怯，只要「人心似鐵、手法如泥」，謹記討帳五字要訣：「快、勤、纏、粘、逼」，定能成功收回貨款。

「不良債權」和已經確定無法收回的「呆帳」有所區別。所謂「不良債權」，通常是指由發貨日起算至約定付款日仍無法收回的貨款，這種「不良債權」在未被宣佈成呆帳以前，當然還有收回的希望。因此，在銷售過程之中，業務代表遇到這種不如意的商場恨事時，當然要秉持「人爭一口氣，佛爭一炷香」的尊嚴，以「催款無難事，只怕有心人」的志氣和決心，利用各種催收要領迅速收回款項，以免貽人話柄，受氣被罵損顏面。

「不良債權」的發生原因非常多，諸如強迫推銷，超越客戶履行債務的能力；又如初次交易時，未能事前徵信識破其不良意圖；還有

售後服務欠週到以致落人口實，使客戶借題發揮而拖延付款；甚者，業務代表收款技巧不夠成熟，發貨後未及時請款催討等原因，都會使應收帳款變成為「不良債權」。

面對著已發生的「不良債權」，業務代表的催款催帳行動就應該迅速展開，謹記「先下手為強，後下手遭殃」的催款明訓，速戰速決，絕不心軟，儘快把不良債權妥善處理，增加收回的概率，以避免淪為無法收回的呆帳。

首先，對於不良債權的客戶要顧及其「面子」，最好先用電話方式催促其履行付款的諾言，儘快清償帳款。這種「先禮後兵」的做法與「人怕丟臉、樹怕剝皮」的重視面子及自尊有密不可分的關係，而且對於較為偏遠地區的客戶，或者是「神龍見首不見尾」的客戶，這也是最實用的方法。「電話催告」之後，我方業務代表就依約直接造訪，在「見面三分情」的情況下，客戶通常都會自覺理屈而結清帳款。

客戶對於「電話催告」及業務代表的「直接造訪」不予置理，催款者應觀察其臉色，得知對方無清償付款的誠意，就應暫時離開，離開前，不妨表明繼續催討的決心。回去後，改變催討手法，用寄發「掛號信函」來催討。寄發郵局掛號信函，主要是加重催債壓力，促使該不良客戶及時付清貨款，再者，寄發掛號信函日後可作為訴訟的催告證據之用。

在寄發「掛號信函」時，可以在信函內將「請」、「欠帳金額」、「逾時付款」等字眼，以紅色字體標出，以強調我方的不滿和堅持討帳的立場，至於信中催款的語氣究竟應嚴厲到什麼程度，最好能參照下列八項因素來決定：

⑴對該筆帳款需要的急迫性。

⑵逾期付款的時間長短。

(3)客戶的重要性。

(4)該筆應收帳款的總額多少。

(5)增加的風險性。

(6)該客戶是否仍在繼續交易往來。

(7)是否已在分期清償中。

(8)客戶對該催收信函可能的反應。

8 收款要「快、準、狠」

面對客戶使出推、拖、拉、騙的伎倆，業務人員也要擬定收款必成的戰略，使對方無法得逞。

「定期拜訪」能讓業務人員在最短的時間內，和客戶結清帳款並完成收款的工作。這是指你碰到的都是好客戶的情況。

但是，收款工作「不如意者十有三四」，當業務人員執行收款工作時，難免會碰到一些「寡廉鮮恥、了無商德」的客戶，這些狡詐如狐狸般的客戶，在簽訂單的時候，往往笑臉迎人。但是，當業務人員手持帳單前來收款時，這些不良客戶的狐狸尾巴立刻就露了出來，這時候，他們就會使盡各種「推、拖、拉、騙」的絕招拒絕付款，經常弄得業務人員不是人仰馬翻，就是空手而歸。

業務人員面對這些客戶，要怎樣才能在不傷和氣的情況下，順利地完成收款的任務呢？

當業務人員執行收款工作時，猶如軍人作戰，必須以追求「必勝」為作戰的目標，並把「貨款全部收回」當作是銷售的最終目標。除此

之外，還要使出「制勝不敗」的絕招，儘量使自己處於最具優勢的地位，絕不放過任何一個可以使敵人心悅誠服的機會。

如何掌握「制勝不敗」的秘訣，而使自己處於優越地位呢？

首先，你要表現出信心十足的樣子。

其次，你一定要事先計劃好全數收回貨款的明確目標。

第三是要夠勤快，增加訪問次數。訪問客戶次數的增多，可以增進對客戶的瞭解，更能深入掌握他的經營現況，以獲得早期預防、早期治療的效果。

第四是要針對客戶所使出的各種絕活來制定「兵來將擋、水來土掩」的不敗戰略。

一般而言，狡詐的客戶可能玩弄的伎倆，不外是「推」、「拖」、「拉」、「騙」四種。

「推」：客戶經常會以「銀行的空白支票還沒發下來」、「負責簽發支票的會計請假」等推卸責任的理由，來逃避付款義務。

「拖」：客戶常常以「唱哭調」方式，大歎生意難做、無利可圖、商品銷路不佳，要求業務人員下次再來收款，以達到其拖延付款的目的。

「拉」：客戶在付款時，以「拉交情」方式和業務人員稱兄道弟，希望業務人員給面子，答應給予貨款折讓或減收貨款，這種「吸血蟲」伎倆也經常可以看到。

「騙」：客戶佯稱貨品尚未賣出，外頭賒欠尚未收回，手頭沒有多餘的款項可供支付，實際上，貨品早已銷出，且款項早已收回，並獲得利潤，這些「騙」術也常見到。

所謂「知己知彼、百戰不殆」，當我們熟知客戶的伎倆和招數，許多陷阱自然可一一躲過。而成功的收款技術，亦不外乎「快」、「準」、

「狠」三字訣。

「快」就是要能捷足先登，先收先贏。

「準」就是要摸清楚客戶的心理，對準他的人性弱點，打破他的心理防線，並贏得他的心。

「狠」就是要夠勤快、堅持既定的原則，要義正言婉，不能心軟。遇到一些狡詐客戶時，不妨一展身手，利用上述的要訣，出招一試。

9 對欺善怕惡的欠債人, 要強硬催款

欺善怕惡型的客戶經常藉故拖賴，會徒增收款的成本，催款者絕不能姑息，否則將後患無窮。對於這類客戶，只能採取強硬手段了。強硬收款是收款中的狠招，不到萬不得已，不要輕易使用。以免傳出去後，遭到其他客戶的反感和非議。

業務代表在工作中常歎收款艱辛。可是，為了完成公司交代的任務，更為了能在業績競賽和獎勵大會中登上「推銷王」、「收款王」的寶座，他們不惜付出心血，馳騁市場，目的就是要「名利雙收」，贏得金牌以及奪得最高額的推銷和收款獎金。

業務代表要想成為同行中的「收款王」，那可要比成為「推銷王」所付出的代價要高出許多。首先，業務代表除了要具備強烈的責任心以及「艱苦卓絕」的決心和毅力之外，還得要擁有扎實穩當的軟硬功夫才行。

俗話說，「打蛇打三寸」，收款工作也是一樣。在收款時，只要切實瞭解客戶的狀況，針對客戶的弱點，給予適當的打擊，自能手到擒

來，滿載而歸。當然，要能夠完成上述的佳績，必須要運用獨樹一幟的收款功夫，才能得心應手，水到渠成。

收款招式五花八門、變化莫測，但是，萬變總不離其宗。大體而言，收款絕學不外「軟」、「硬」兩路，軟路收款招式主「柔」，貴在「以柔克剛」，「借力使力不費力」，如「服務取勝」、「廣結人緣」等招式，協助客戶養成自動自發結帳、提前全額付款的習慣，讓客戶欣然依雙方約定的付款條件來向業務代表清償貸款。

硬路收款招式主「剛」。當業務代表遇到「欺善怕惡」、「賴皮成性」的客戶時，軟路收款招式發揮不了敦促、啟發的原有功效。這個時候，業務代表就應隨機應變、見風使舵，「棄軟從硬」，不妨擺出「手背碰桌是說理，手掌碰桌爭到底」的架勢，使出「得理不饒人」的節節逼近高壓手法，促請對方遵守交易的原則，馬上依照約定條件付款，同時將拖、賴付款的後果，諸如以後「不優先供應貨品」、「降低服務水準」、「取消優惠價格」，甚至「考慮拒絕交往」等情況，「義正詞嚴」地告訴有心拖、賴客戶，這種「善意的恐嚇」言辭和「施以高壓」的技巧，經常能夠使那些欺善怕惡、賴皮成性的客戶就範，乖乖付清舊債。

「施以高壓」是收款狠招，非到忍無可忍的地步，萬萬不可輕易使用，以免傳出之後，遭到其他客戶的反感和非議。因此，業務代表實施高壓收款方法時，一定要好好把握下列八個原則：

(1)查明確認。首先要確定該客戶是否有經常拖、賴付款的前科。一般而言，一個客戶經業務代表拜訪三次以上，每一次都故意設法推託逃避付款責任，就可以斷定他是個存心不良的拖賴客戶。

(2)確認傾向。利用過去交往的經驗和間接得到的資料，確定該客戶是否有明顯「欺善怕惡」的傾向。

⑶請教主管。在決定「施以高壓」方法前，業務代表應和直屬主管共同研究可能發生的後果，並徵詢業務主管的意見。

⑷檢討自己。在採取「施以高壓」的收款方法前，還要再仔細回想公司本身有無錯誤不當之處，免得「錯怪好人」。

⑸先禮後兵。遵循「先禮後兵」的原則，再給客戶知錯認錯、欣然付款的機會，如果客戶仍然執迷不悟的話，我們不妨抱著「寧可一日沒生意，不可一時壞聲譽」的態度，開門見山向客戶說明不乾脆付款所帶來的種種後果。

⑹顧及面子。運用高壓收款絕招，就意味著雙方關係的決裂，為了確保貨款的收回，業務代表應盡可能避免在大庭廣眾之下催討。

⑺以退為進。遇到「以硬碰硬」的死硬派客戶時，應先行告退，再思考更好的應對方法，避免造成雙方大吵大鬧、無法收拾的場面。

⑻奇兵出馬。安排「催款專家」出門收帳。有些公司內設置有專門負責滯延帳款催收的部門，當業務代表收帳不利或多次催收無功而返時，可以將無法收回貨款的事由書寫成文，讓該部門瞭解處理的經過及碰到的困擾，然後出面處理。這種陣前換將的方法，只要事前計劃妥當、考慮週全，這些「催款專家」略施高壓，常常會發揮「奇兵」的收款神效，經常可以輕而易舉地將懸而不決的收款難題解決。

施以高壓通常是由業務代表在客戶面前口頭威脅。但是，有些「不信邪」的客戶不吃這一套，對高壓方式無動於衷，仍然拖、賴到底，死不結帳。

此時，業務代表不可氣餒，也不必改用軟路的收款招式，唯一的克敵良策就是絕不放鬆、繼續催討、再加高壓，改用「貨款逾期通知書」、「律師催收函」等書面方式持續催討，直接在信函中要求客戶務必在指定期限內結清帳款，書面內容要強烈表明我方全數收款的決

心，語氣要「堅決、剛硬、不妥協」，甚至直接表明，若仍置之不理或不在指定期限內付款，將以「對簿公堂、訴諸法」的方式來解決。

「欺善怕惡」的客戶是屬於信用不良的客戶，對付這種客戶經常會增加一家企業的收款成本支出，如果不幸發現客戶群中有這種類型的客戶，除了以高壓方法將舊債全部收回之外，最好抱著「壯士斷腕」的決心，儘快設法和他斷絕交往關係，才是上策，如一味姑息，必會後患無窮，徒增催帳的困擾和收款成本的支出而已！

10 應收帳款回收的四種方式

若在貨款到期日屆滿，企業仍沒有收到客戶的付款，應該立即著手進行催收。下一步的工作就是選擇下列恰當的應收帳款回收方式。追討欠款的基本方法主要有以下四種：

1. 企業自行追討

企業自行追討，是處理拖欠時間不長的應收帳款的首選方式。可選用的方法有電話收款、收帳信收款和上門追討三種。這種透過雙方協商清償債務的方式主要適用於債權債務關係比較明晰，各方對拖欠債務的事實無爭議或爭議不大的情況，而且這種方式簡便、易行，能夠及時地解決問題。

企業自行追討，追帳成本最小，也利於維護雙方當事人的良好業務關係。但自行追討的力度不大，對惡意拖欠客戶的作用不太明顯。

2. 委託專業機構追討

如果客戶一再拖欠，企業自行追討一段時間後仍沒有實質性的效

果，而又不想馬上訴諸法律時，企業可以委託專業機構代為追討。這些機構包括律師事務所、會計師事務所、收帳公司等專業機構。委託專業機構代為追討的好處是：

(1)加大追討力度。專業收帳機構具有豐富的收帳經驗和知識，對每一類的拖欠都會制定一套有效的措施，靈活性強，手段多樣化，對客戶的壓力逐漸增加。無論是在追討形式和實際追討效果上，還是對債務人的心理壓力上，有遠遠大於企業自行追討的力度。

(2)節約成本和費用。企業在產生逾期帳款拖欠後，已經負擔了相當大的損失，從心理上說，就不願支付過多的追討費用，造成更大的損失。而專業收帳機構除收取小比例的手續費外，一般都採用「不追回帳款，不收取佣金」的收費政策，這對客戶來說，是一種減少損失而又不必冒額外損失的風險的方法。

(3)有利於維護客戶關係。委託專業機構收款，由第三方與客戶進行溝通、交涉，雙方貿易糾紛並沒有公開，較之訴訟等造成與債務人關係惡化的法律手段，不嚴重損害買賣雙方的合作關係，便於日後與客戶修復業務關係，為將來的再次合作留有餘地。

3.仲裁追討

此方式適用於雙方糾紛導致的帳款拖欠。申請仲裁有以下好處：

(1)程序簡便。仲裁實行「一裁終局」制度，沒有上訴或再審程序，裁決自做出之日起立即發生法律效力，具有強制執行力。因而仲裁程序簡化，審理時間較短，爭議解決的效率提高。簡易程序由獨任仲裁員審理，審理期限更短，效率更高。小額爭議自動適用簡易程序，爭議金額大的案件經當事人協商同意也可以適用簡易程序。

(2)充分自治。選擇仲裁方式，當事人可享有最大限度的自主權，包括自主選擇仲裁機構、仲裁員、仲裁地點、仲裁所使用的語言、仲

裁規則以及仲裁所適用的法律。

(3)易於執行。

(4)為當事人保密。仲裁審理不公開進行。未經當事人的同意和仲裁庭的允許，第三人不可旁聽案件審理，仲裁程序及裁決不公佈於媒體。另外，裁決一經做出即發生法律效力，裁決是終局的，對雙方當事人均有約束力。任何一方當事人均不得向法院起訴，也不得向其他任何機構提出變更仲裁裁決的請求。

與訴訟相比，仲裁避免了繁雜的程序和巨大的成本，可以節省時間和金錢，能夠儘快解決問題。但它僅適用於雙方都自願以仲裁解決問題的情況。

4. 訴訟追討

透過法律訴訟收回應收帳款，由於程序複雜，通常要拖一年或者半年以上，與其他方式相比效率最低；同時，這也是衝突性最強的方法，會導致與客戶關係的完全破裂；訴訟的法律費用很高，而且隨著時間增加，沒有確定數目。

但透過法律訴訟收回應收帳款的優點也是明顯的，就是說它具有強制性，可以用法律的威嚴強制不遵守信用規則的客戶承擔其所應盡的義務。法律訴訟是企業為收回欠款所作的最後努力。當企業與客戶發生債務糾紛，協商、調節無法達成一致；或者雙方不願採用仲裁方式解決，客戶無理拒不付帳時，企業可訴諸法律解決。

企業應根據自己的實際情況，客戶欠款的金額、拖欠時間、客戶情況、專業機構收費情況等因素綜合考慮，選擇有針對性的、恰當的回收方式。

11 客戶拖欠貨款的類型與對策

從銷售的角度講，呆帳是大敵。但由於銷售活動中人為的或不可避免的因素影響，出現呆帳又是常有的。對於拖欠貨款必須及時催討，才可減少利潤的損失，要想有效的催討拖欠貨款，除要分析造成拖欠的原因之外，還必須仔細分析對方拒付或拖延付款的理由，只有把這兩方面結合起來分析，才能弄清拖欠貨款的真實性，從而採取有效的對策。

兵無定法，水無常形。要想有效的清收拖欠貨款，對客戶絕不能搞「一刀切」，要具體問題具體分析，審時度勢，對症下藥。否則，討帳可能事倍功半，得不償失，兩敗俱傷。不過話又說回來，拖欠貨款雖無理，但有時也很無奈，做事不能得理不饒人。生意場上需要滾滾財源，但更需要的是「和氣」。因此清討貨款作為善後事宜處理，要講究策略，把握分寸，留有餘地，只有這樣，才會「不打不相識」、「化干戈為玉帛」。

下面就拖欠貨款常見的七種類型進行簡單探討：

1.要款不力類

這種拖欠的貨款主要是由銷售人員對回收貨款認識不夠，或貨物發出後不主動回款，而對方又不主動付款造成的。這種拖欠一般只要去電、去函或去人催要，很快就可回籠入帳。

2.合約糾紛類

若由於銷售人員在業務洽談或在簽訂合約或協定時不夠注意或疏忽大意，造成合約有關條款在執行中的爭議，進而影響了貨款的回

收。則銷售人員應主動找用戶協商，本著實事求是的原則對原來的疏
忽給予糾正，一般會得到用戶的同意而追回貨款。

若是由於購銷某一方違反合約規定，造成合約糾紛從而影響貨款
回收，則應根據事實，假如是由本公司執行銷售合約中違反規定，應
主動向用戶賠禮道歉，征得用戶的諒解，並按合約有關違約條款承擔
一定責任，對用戶受到的損失給予賠償後，追回貨款。若是由於用戶
違反合約，則應主動與其交涉，儘量通過協商的方式解決，若雙方協
商不成，可以按合約規定的糾紛處理辦法進行公證或法律調解，最後
追回拖欠貨款。

3.貨物積壓類

這種拖欠往往不是用戶故意想拖欠貨款，而是由於銷售方大量推
銷或用戶經營決策失誤大量進貨造成。這種情況可以把多餘貨物調劑
給別的用戶或幫助用戶加強銷售等辦法處理，從而儘快收回拖欠貨
款。

4.經營不佳類

對這種拖欠貨款，若真是暫時無力償還，也拿他無法，這要分步
進行，採取分批催討，拿回多少算多少的辦法，即不能因同情對方而
不要，也不能向對方強行逼債，若能設法幫助用戶搞活經營，不僅可
以追回貨款，而且還會獲得用戶感激而建立更穩定的關係。

5.資金週轉不佳類

這類拖欠客戶並不是沒有償還能力，也不是不願支付貨款，而是
由於資金週轉不靈，運作不佳一時難以支付貨款。這類客戶也要分別
對待，如果對方確因資金暫時困難而又有誠意還款，本著長期合作的
原則，應該體諒其難處，暫時緩討。但雙方應達成協定，一旦對方資
金稍有緩和，應該主動償還貨款。如果對方資金週轉是人為造成的資

金緊張，沒有妥善用好資金，這時可以採取一些公關措施追回貨款。

6.故意拖欠類

有些用戶不講商業信譽，故意拖欠貨款，這種現象目前已不是少數。由於其故意拖欠，因此對前來催款的人，一是不讓與其經辦人見面，故意推拖；二是採取給催要者個人好處，如上等招待、送禮物等手段，使催要者拉不開情面強行追討，對於這類用戶，只要採取強硬的手段，既不要收對方禮物，更不能拉不開情面，要一針見血指出對方的故意拖欠行為，使對方不得不償還貨款。若對方有意拖欠，也不妨來個軟磨硬纏，以其人之道還治其人之身，往往很見成效。對個別一點信用不講的，可以通過法律的形式追索。

7.客戶遇到了意想不到的事故

這類拖欠貨款往往不是因客戶主觀因素造成，而是由於意想不到的事故，使客戶造成重大損失或其他影響，致使無法償還貨款，對此應區分不同的情況進行不同的處理。首先對客戶出現的意想不到的事故表示同情和慰問，然後根據對方事故的情況可以暫緩催要，或部分追回，或是保留追索權等，對確實無法追回的，可以作壞帳處理。

12 強化應收帳款風險管理的措施

1. 制訂合理的信用政策

所謂信用政策,是指企業對應收帳款管理所採取的原則性規定,包括信用標準、信用條件和信用額度三方面。

(1)確定正確的信用標準。信用標準是企業決定授予客戶信用所要求的最低標準,也是企業對於可接受風險提供的一個基本判別標準。信用標準較嚴,可使企業遭受壞帳損失的可能減小,但會不利於擴大銷售。

反之,如果信用標準較寬,雖然有利於刺激銷售增長,但有可能使壞帳損失增加,得不償失。可見,信用標準合理與否,對企業的收益與風險有很大影響。企業確定信用標準時,一般採用比較分析法,分別計算不同信用標準下的銷售利潤、機會成本、管理成本及壞帳成本,以利潤最大或信用成本最低作為中選標準。

(2)採用正確的信用條件。信用條件是指導企業賒銷商品時給予客戶延期付款的若干條件,主要包括信用期限和現金折扣等。信用期限是企業為客戶規定的最長付款期限。適當地延長信用期限可以擴大銷售量,但信用期限過長也會造成應收帳款佔用的機會成本增加,同時加大壞帳損失的風險。為了促使客戶早日付款,企業在規定信用期限的同時,往往附有現金折扣條件,即客戶如能在規定的折扣期限內付款,則能享受相應的折扣優惠。但提供折扣應以取得的收益大於現金折扣的成本為標準。

(3)建立恰當的信用額度。信用額度是企業根據客戶的償付能力給

予客戶的最大賒銷限額，但它實際上也是企業願意對某一客戶承擔的最大風險額，確定恰當的信用額度能有效地防止由於過度賒銷超過客戶的實際支付能力而使企業蒙受損失。在市場情況及客戶信用情況變化的狀況下，企業應對其進行必要調整，使其始終保持在自身所能承受的風險範圍之內。

2.加強內部控制

⑴認真作好賒銷對象的資信調查。企業應廣泛收集有關客戶信用狀況的資料，並據此採用定性分析及定時分析的方法評估客戶的信用品質。客戶資料可通過直接查閱客戶財務報表或通過銀行提供的客戶信用資料取得，也可通過與該客戶的其他往來單位交換有關信用資料取得。在實際中，通常採用「5C」評估法、信用評估法等方法對已獲資料進行分析。取得分析結果後，應注意或減少與信用差的客戶發生賒帳行為，並對往來多、金額大或風險大的客戶加強監督。

⑵制訂合理的賒銷方針。企業可借鑑西方對商業信用的理解，制訂適合自己的可防範風險的賒銷方針。

①有擔保的賒銷。企業可在合約中規定，客戶要在賒欠期中提供擔保，如果賒欠過期則承擔相應的法律責任。

②條件銷售。賒欠期較長的應收帳款發生壞帳的風險一般比賒欠期較短的壞帳風險要大，因此企業可與客戶簽定附帶條件的銷售合約，在賒欠期間貨物所有權仍屬銷售方所有，客戶只有在貨款全部結清後才能取得所有權。若不能償還欠款，企業則有權收回商品，彌補部分損失。

⑶建立賒銷審批制度。在企業內部應分別規定業務部、業務科長等各級人員可批准的賒銷限額，限額以上須報經上級或經理審批。這種分級管理制度使賒銷業務必須經過相關人員的授權批准，有利於將

其控制在合理的限度內。

⑷強化應收帳款的單個客戶管理和總額管理。企業對與自己有經常性業務往來的客戶應進行單獨管理，通過付款記錄、帳齡分析表及平均收款期，判斷個別帳戶是否存在帳款拖欠問題。如果賒銷業務繁忙，不可能對所有客戶都單獨管理，則可側重於總額控制。信用管理人員應定期計算應收帳款週轉率、平均收款期、收款佔銷售額的比例以及壞帳損失率，編制帳齡分析表，按帳齡分類估計潛在的風險損失，以便正確估量應收帳款價值，並相應地調整信用政策。

⑸建立銷售回款一體化責任制。為防止銷售人員為了片面追求完成銷售任務而強銷、盲銷，企業應在內部明確，追討應收帳款也是銷售人員的責任。同時，制訂嚴格的資金回款考核制度，以實際收到貨款數作為銷售部門的考核指標，每個銷售人員必須對每一項銷售業務從簽訂合約到回收資金全過程負責。這樣就可使銷售人員明確風險意識，加強貨款的回收。

13 中小企業的應收帳款管理

應收帳款對企業的意義不言而喻，對中小企業來說，更是性命攸關。中小企業最為發達的美國有一項調查表明，約有一半的破產發生在實現最高水準銷售額後的一年之內。其原因也很簡單，大多數中小企業在早期都有一個高速增長時期，處於迅速成長之中的中小企業，由於很自然的預期會進一步發展，通常需要將大量資金用於庫存和應收帳款，而一旦銷售沒能有效實現，即應收帳款累積過大，無法及時

收回，企業便會遭遇現金流危機。加上中小企業較低的融資能力，現金流危機便轉為生存危機了。此時，企業的典型特徵是：利潤表上，企業有大量的利潤，但現金流量表上卻出現危機，大量的利潤只以應收帳款表現，即企業陷入「增長陷阱」。因此，成長之中的中小企業一個很重要的問題便是對應收帳款的管理。

1. 應收帳款的事前管理

「不戰而屈人之兵」、「勝於廟堂之上」堪稱戰爭的最高境界了。對於應收帳款這個強大的「敵人」，這一點同樣具有現實意義！這方面有一個方法可以利用，即銷售商品時附帶一定的刺激條款鼓勵用現金支付貨款，比如：「10／30，5／45，N／60」，即買方如果在銷售實現後 30 天內付款，將享受 10%的折扣，如果在 30－45 天內付款，將享受 5%的折扣，如果在 45－60 天內付款，則沒有任何折扣，按全額付款，付款期為 60 天。這個方法不是新生事物，但這裏，將其納入了應收帳款的範疇。對應於「正刺激」手段，企業還可以制定「反刺激」手段來進一步發揮作用，即附帶懲罰性條款，只不過「反刺激」手段的提出和運用要更策略一些，以免引起生意夥伴的反感。

2. 應收帳款的內部控制

(1)把應收帳款的管理作為一項財務和銷售之外的獨立內容來認識和對待。

財政部《內部會計控制規範》規定：「內部會計控制應當涵蓋單位內部涉及會計工作的各項業務及相關崗位，並應針對業務處理過程中的關鍵控制點，落實到決策、執行、監督、反饋等各個環節。」

目前，大多數企業的應收帳款由銷售部門或銷售人員自己管。這樣做的問題很明顯，讓銷售人員對業務進行評價必然造成管理失效。另一種情況由財會人員來管理。會計人員雖然對帳務處理比較清楚，

但對具體客戶情況並不很瞭解，簡單歸由會計人員來管理也並不合適。事實上，應收帳款的管理，是現代企業營銷管理中的重要組成部分，應把其提高到營銷管理構成的高度來對待。

限於中小企業的規模，一般來說，不可能設立專人或專門部門管理應收帳款，但在企業的內部控制中可作為與財務、銷售等平級的獨立內容來對待，作為企業負責人或其副手的一項工作內容。

(2)建立應收帳款責任制。

中小企業可根據企業所在行業的特點制定計劃，每月、每兩個月或每季度把滯期超過 30 天、60 天和 90 天的應收帳款列出明細，製成表格轉給銷售負責人。具體來說，表格可這樣設置：明細後設兩欄，一欄是留給銷售負責人對應收帳款發生的原因進行解釋，並提供相應的催款計劃；如果一定期限（1 個月、2 個月、3 個月等）內計劃沒有完成，按涉及金額的一定比例（如萬分之幾）對相關負責人進行處罰。

(3)對應收帳款實行輔助核算，建立應收帳款核銷制度。

按照應收帳款發生的時間順序，以及貨款回收的時間順序逐筆核銷，以準確確認應收帳款的帳齡；對於因質量、數量合約糾紛等沒有得到處理的應收帳款單獨設帳管理，並計提壞帳準備。

另外，還應每年對銷售人員進行 1—2 次信用管理培訓，以及建立向銷售部門及時發佈客戶狀況預警機制等。

14 貨款回收控制方法

　　如何及早收回貨款和防止壞帳，是企業關注的大事。銷售量是企業追求的主要目標，但是這是以能及時收回貨款為前提的，收不回貨款的銷售，不是真正的銷售。回收貨款的控制對市場營銷部門來說是十分重要的，有效地回收貨款的控制是有效的營銷風險管理不可缺少的一部分。

　　但是許多公司沒有適當的控制程序，他們無法分析退貨的原因，不注重營銷中的貨款回收控制，以致造成應收帳款高居不下，壞帳不斷增加，企業負債嚴重，甚至虧損的情況，這些應引起我們充分的重視。應收帳款高引起壞帳的兩個現象：一是退貨問題；二是調貨問題。其中某一環節出現問題，都會引起拖欠甚至壞帳。同時在收帳時還存在收款進帳不及時、不提供發票號，無法確認客戶代碼、憑證重覆、擅自扣款、不按規定辦托收等。

　　以上幾點產生的後果是造成延誤收款，帳目混亂，以致公司債權受損。這兩種現象處理不當便會引起拖欠貨款甚至壞帳。因此，企業應加強對貨款回收的控制。

　　1. 企業對貨款日常控制的主要措施

　　(1)加強對顧客償還能力與信用狀況的調查和分析

　　通過對顧客情況的調查、分析和評價，確定各客戶的信用等級，並給予相應的信用條件，即信用期限、付現折扣和折扣期限以及賒銷額度。

(2)做好日常的核算工作

即在總分類帳中,設置「應收帳款」帳戶,匯總企業所有銷貨客戶的帳款增減數額,以反映企業總的應收帳款數額變動狀況,便於掌握總情況。與此同時,另設「應收帳款明細分類帳」,分別詳細地記載各銷貨客戶的帳款增減數額,以反映客戶所賒欠帳款多少變動狀況,以便及時催收。

(3)全面瞭解和掌握有關信用資料,供控制需要

通常將瞭解和掌握到的銷貨客戶的有關資料,記入各客戶應收帳款明細分類帳頁的上方,以便控制參考。這些資料的範圍內容因企業的不同而各異,一般包括:

①(帳頁)頁次編號;

②客戶名稱;

③工作單位;

④家庭地址;

⑤信用等級;

⑥賒銷期限;

⑦經辦推銷人員等。

(4)定期與客戶對帳,抓緊催收帳款

在給予客戶信用期限和折扣期限內,要經常與客戶保持聯繫,按月抄具帳款往來清單送交銷貨客戶核對,以保證帳戶記錄的正確,及時掌握應收帳款數額和償還進度。對於已超過信用期限的,應及時通知客戶,提醒其早日付清帳款,必要時應電告或派人登門催收。

2.壞帳損失的控制

企業對客戶的賒銷限額,儘管是在對客戶進行充分的信用調查基礎上確立的,但由於各種原因,小部分帳款無法收回的情況仍然在所

難免，從而形成壞帳損失。壞帳發生的原因可能是由於信用調查不實，也可能是由於客戶財務狀況的變動。現行制度規定，確認壞帳損失應符合下列條件：

①因債務人破產或者死亡，以其破產財產或遺產清償後，仍然不能收回的應收帳款；

②因債務人逾期未履行償債義務超過 3 年仍然不能收回的應收帳款。

壞帳損失的核算一般採用直接轉銷法和備抵法。直接轉銷法就是在實際發生壞帳時，作為損失計入期間費用，同時沖銷應收帳款。備抵法就是按其估計壞帳損失，計入期間費用，同時建立壞帳準備帳戶，在壞帳實際發生時，沖銷壞帳準備帳戶。估計壞帳損失主要有三種方法，即應收帳款餘額百分比法、帳齡分析法和銷貨百分比法。現行規定壞帳數額只能採用應收帳款餘額百分比法。

應收帳款餘額百分比法就是按應收帳款餘額的一定比例計算提取壞帳準備。現行制度根據各行業的實際情況，對各行業企業按應收帳款的餘額提取壞帳準備的百分比具體規定為：農業企業、施工企業、房地產開發企業為 1%，其他各行業企業為 3 一 5 。另外，外商投資企業不超過 3 。企業應設置「壞帳準備」帳戶反映壞帳準備的提取和沖銷。期末應提取的壞帳準備大於其帳面餘額的，應按其差額提取；應提取的壞帳準備小於帳面餘額的，應按其差額沖回壞帳準備。

15 收帳程序

　　應收帳款管理工作是信用管理工作的一部分，需要信用管理人員按照規範程序進行專業管理。

　　企業一般把應收帳款回收的任務交給業務部門，或者把產生的應收帳款交到財務部門處理，這兩種做法都不是信用管理的規範做法。

　　首先，如果讓承做這筆業務的業務人員負責管理應收帳款，就有可能出現管理鬆懈的情況。比如，在應收帳款到期前的一段時間內，業務人員由於害怕損害與客戶的關係，往往很少或者根本不向客戶詢問是否能按期付款，也有的業務人員則是由於業務繁忙遺忘了這項工作。

　　其次，讓非專業的人員與客戶聯繫付款事宜，如果處理不當，會影響企業與客戶的合作關係。有些企業的業務人員經常抱怨說，財務部門的人員以一種嚴厲的口吻給客戶打電話，詢問到期能否付款，使客戶產生反感情緒，不願再向業務部門繼續訂貨。

　　第三，應收帳款逾期後，非專業人員不能正確分析應該採用什麼態度、何種手段以及施壓的力度向客戶收回欠款。有的債務人本來是惡意拖欠，而業務人員卻一味低聲下氣地哀求，並長時間地對上司隱瞞情況，期盼債務人良心發現，償還欠款，直至最後錯過最佳收帳期，落得錢貨兩空。有的債務人拖欠貨款是因為一時週轉困難，不能按時還款，卻被當作惡意拖欠告上法庭，或委託第三方追收，不但耗費金錢和時間，也徹底失去了這個客戶和潛在的收益。因此，應收帳款管理須由專業信用管理人員完成。

信用部門應該制訂出詳細的應收帳款管理作業程序,這些程序包括:

1. 明確信用部門和人員在收帳過程中的權力和義務

任何一項能夠貫徹實施的信用管理政策,都必須明確劃分每個部門直至每個人員的權利和義務。信用部門首先必須確定,當一筆應收帳款產生時,這筆應收帳款應由誰管理,管理的許可權是什麼,管理人員有權作出什麼決定,不能做出什麼決定,必須完成那些工作,對越權行為如何處理,那些問題應該提交上級決定等。只有明確劃分各種權利和義務,才能避免權力重疊或權力真空。

較為典型的做法是:普通信用管理人員管理未逾期應收帳款,中層信用管理人員管理逾期一個月內的帳款,高層信用管理人員管理超過一個月的帳款和客戶破產案件。

2. 建立應收帳款交接程序

信用政策規定,當一筆應收帳款產生後,業務部門應該立刻將這筆應收帳款交給信用部門,信用部門事先設計出一套「應收帳款交接表格」供業務部門使用,表格包含內容有:

(1)客戶的詳細信用記錄;

(2)曾經的作業記錄;

(3)過去的信用限額和付款記錄;

(4)這筆業務的信用限額和付款期限;

(5)簽收手續。如果業務部門未能及時將應收帳款交給信用部門,由此產生的逾期帳款,由業務部門承擔全部責任。當信用部門簽收了這筆應收帳款,責任也就隨之轉移給了信用部門。

如果這筆應收帳款到期後仍未收回,信用部門必須將「未按時回收帳款表格」交給業務部門。「未按時回收帳款表格」內容包括:業

務簡介、信用額度、付款條件、未按時收回的原因，以及信用部門意見(比如繼續供貨或立即停業供貨等)。

業務部門接到信用部門的「未按時回收帳款表格」後，應立即按照信用部門的意見重新做出供貨安排。

3.建立「未逾期詢問」和「逾期詢問」登記本

當信用部門接到業務部門提交的應收帳款後，應制訂出「未逾期詢問」和「逾期詢問」計劃，並登記入冊。「未逾期詢問」計劃是信用管理人員針對客戶的具體情況，在應收帳款到期前制訂出應與客戶接觸的時間和次數;「逾期詢問」計劃則是在應收帳款到期後制訂的收帳方式和具體措施。

建立「未逾期詢問」和「逾期詢問」登記本，能夠使每一筆應收帳款的管理都清晰明瞭，並可以針對不同客戶做出有針對性的帳款管理。

4.制訂應收帳款每階段採取的對策

在程序裏規定:對於一筆未逾期的應收帳款，信用部門應採取什麼途徑「接觸」客戶。例如，可以由信用部門發出一封言辭友好的信函，感謝客戶給予的配合和照顧，並婉轉地提醒他應收帳款到期的時間。也可以按規定打兩三次電話，詢問貨物質量是否存在問題、銷售是否順利等等，並提出帳款到期日。

對於已經逾期的應收帳款，程序具體規定了追收政策。包括越來越嚴厲的追討函，職位越來越高的信用管理人員的電話和傳真，以及必要時的人員拜訪等等。

程序也規定了當客戶突然倒閉和破產時，信用經理應採取的具體應對措施和內容。

程序還規定了當應收帳款過期多少天以後(一般為 90 天或 120

天），這筆應收帳款應尋求外部力量協助追收，比如法律事務機構或收帳機構等，以防止應收帳款拖延太長時間而變為壞帳。

5.編寫各種規範函件和登記本

信用部門需編寫各規範函件和登記本。

(1)對內，信用部門應編寫「帳款管理上報表」、「帳款回收月度總結表」、「應收帳款交接表」、「未按時回收帳款表」、「未逾期詢問登記表」、「逾期詢問登記表」等。

「帳款管理上報表」和「帳款回收月度總結表」均為向企業上層主管彙報的報表。「帳款管理上報表」是不定期報表，當遇到特殊情況發生而需要上層主管決定或協調時上交該表格。「帳款回收月度總結表」是月報表，每月均需上報一次，通過上報帳款回收的各種具體數據，比如本月壞帳率，逾期帳款發生率，逾期帳款回收率，DSO 等，使上層管理人員瞭解到企業當月的帳款管理情況。

「應收帳款交接表」和「未按時回收帳款表」是與業務部門相互溝通的表格。

「未逾期詢問登記表」和「逾期詢問登記表」是信用部門內部統計和登記的表格。

(2)對外，信用部門應編寫「查詢函」「質詢函」「輕度追討函」「警告追討函」和「最後通牒函」。這些對外函件根據時間順序排列，「查詢函」是應收帳款到期前的函件，「質問函」一般在逾期一個星期發出，「輕度追討函」在逾期 30 天發出，「警告追討函」在逾期 60 天發出，「最後通牒函」在信用部門決定採取嚴厲措施之前發出。

6.建立應收帳款的電腦管理系統

隨著電腦的普及，絕大多數企業開始把各種管理搬上電腦，運用電腦管理應收帳款，將大大提高帳款管理的效率。比如：業務部門可

以通過內部網路與信用部門交換產生的應收帳款資訊，電腦管理系統可以根據事先設定，定期準確地列印出各種報表、登記表和追討函，電腦隨時監控帳款管理和追收情況等等。建立應收帳款電腦管理系統是企業信用管理和帳款管理的必然趨勢。

7. 確定與其他部門合作追收的程序

帳款管理雖然是信用部門的主要工作，但在某些時候，信用部門也需要其他部門的配合才能更有效地收款。比如：業務部門應按照信用部門的建議減少或取消原定的發貨；財務部門按時提供客戶付款情況；法律部門在信用部門請求時發出法律意見函，並和信用管理人員一起上門走訪該債務人；當債務人倒閉時，法律部門負責人還與信用部經理共同參與回收債務人剩餘的財產。所有合作程序都應在企業總信用政策和帳款管理政策中得到體現。

16 貨款回收管理

1. 建立貨款回收風險處理機制

加強貨款回收的風險管理，首先應嚴格按企業的有關規定區分「未收款」、「拖欠款」和「呆壞帳」。

未收款的處理：當月貨款未能於規定期限內回收者，財務部應將明細表交銷售公司核准；銷售公司經理應在未收款回收期限內負責催收。

拖欠款的處理：未收款未能如期收回而轉為拖欠款者。銷售公司經理應在未收款轉為拖欠款後幾日內，將未能回收的原因及對策以書

面形式提交公司分管經理核實。貨款列為拖欠款後,營銷管理部門應於 30 日內監督有關部門解決,並將執行情況向公司分管經理彙報。

呆壞帳的處理:呆壞帳的處理主要由銷售部負責,對需要採取法律程序處理的,由公司高層主管專案研究處理。進入法律程序處理之前,應按照呆壞帳處理,處理後未能有結果,且認為有依法處理的必要時,再進入司法程序。

呆壞帳移送公司後,應將造成呆壞帳的原因,及責任人應承擔的責任調查清楚,提交公司營銷決策層研究。

在回收貨款過程中,若發現收款異樣或即將出現呆壞帳時,必須迅速作出收款異樣報告,通知公司有關法律人員處理。若有「知情不報」或「故意矇騙」的情況,應當追究當事人的責任。尤其應該強調的是業務員離職或調職,必須辦理移交手續。其中結帳清單要由有關部門共同會簽,直屬主管應負責實地監交,若移交不清,接交人可拒絕承受「呆帳」(須於交接日期起規定日期內提出書面報告)。否則就應承擔移交後的責任。

2.創造回款實現的良好條件

搞好回款工作,除了加強回款工作的管理以外,還要善於創造回款實現的良好條件,即通過自我努力而達到回款環境的改善,從而促進回款工作的開展。創造回款實現的良好條件,主要在以下幾個方面:

(1)提高銷貨與服務質量

實踐證明,企業所面臨的許多回款難題,與其產品及服務水準密切相關。產品性能不穩定,質量不過關,或售後服務落後,均會導致客戶的不滿,從而使回款的任務難以實現。企業必須努力改變這種局面,關鍵是把現代營銷的基本理念貫穿到銷售工作的各個環節,徹底摒棄傳統銷售觀念的影響。在具體的銷售工作中,要努力向客戶提供

一流的產品，一流的服務，公平交易，誠實無欺，只有這樣，才能贏得客戶的尊重，為回款工作打下良好的基礎。

(2)重視客戶資信調查

市場交易並非不存在風險，為了儘量降低交易的風險，要求銷售人員先對客戶的資信狀況作出評估。市場上有一類客戶，雖然購貨的能力很有限，卻又故意裝出很有錢的樣子，向他供貨的銷售人員一不小心，便會落入買賣圈套，到最後就會面對一個「要錢沒有，要命有一條」的尷尬處境。對客戶實施資信評估，一方面能自覺迴避一些信用不佳的客戶，另一方面，也便於為一些客戶設定一個「信用限度」，從而確保貨款的安全回收。

(3)加強收款技能培訓

收款是一項技術性很強的工作，不少營業員是推銷有術，要款無方。既便是一些經驗豐富的銷售人員，也難免會在收款工作中表現出某種程度的怯弱。為了推動收款工作的開展，企業要加強對銷售人員的收款技能培訓，首先是收款信心的培養。要讓每一個銷售人員明白，收款是正當的商業行為，沒有必要在收款時心存歉意。其次，要培養各種催款技巧，諸如用情催款、以利催款、意志催款、關係催款等。當然，在選擇各種催款方式時，要善於結合時間、地點和環境條件，並作出靈活的安排。

(4)收款工作制度化

為了確保收款工作的正常開展，企業應努力實現收款工作制度化。所謂收款工作制度化就是企業要對收款工作的各個環節，諸如目標設定、激勵制度、評估和指導、收款技能培訓、收款工作配合等方面作出明確的規定，以便使收款工作有章可依、有規可循。顯然，收款工作制度化，是創造良好收款氣候的可靠保證。

17 建立和完善營銷考核與激勵機制

激勵有正激勵與負激勵之分，正激勵催人上進，負激勵可以對職工產生必要的約束，遏止職工的消極行為，使其不至於玩忽職守，給企業造成不必要的損失。因此，建立嚴格的責任制度，將其落實到具體的崗位和個人，在實踐中嚴格按責任制的要求進行考核並實施獎懲，是企業有效的激勵機制所不可缺少的內容，也是營業員風險防範的重要手段。

1.建立營銷考核體系的意義

建立有效的營銷考核體系是及時、準確地掌握各部門運行狀況和職工工作情況，發現問題及時處理，不斷改進工作所必不可少的。沒有有效的營銷考核體系就不可能有強有力的約束機制，也就不能對公司營銷體制的運行狀況及營業員的工作情況進行有效的監控，公司的營銷工作也就沒有保證。具體來講，建立有效的營銷考核體系具有以下作用：

(1)準確把握營業員素質、能力與適應工作的狀況以及工作績效；

(2)準確把握各部門履行職責、完成任務指標及工作創新(包括技術創新和管理創新)的情況；

(3)為工作安排和員工培訓提供依據，促進人才培養和合理使用；

(4)為工資發放、晉升和獎懲提供依據；

(5)形成各級主管及員工的自我約束、自我激勵機制；

(6)對營銷部門的日常工作情況進行有效監控，對出現的各種風險進行及時處理；

(7)發現營銷組織及人員使用中存在的問題,尋求企業營銷組織優化與績效改進的方法。

2.考核體系結構與考核內容

公司營銷考核體系由三個層次構成:一是公司對營銷部、銷售經理進行的考核;二是營銷部對所屬各銷售區域和有關部門進行的考核;三是各銷售區域和各職能部門對本單位職工進行的考核。其中前兩個層次的考核既是對被考核單位整體績效水準的考核,同時也是對被考核單位主要負責人的考核。但這裏考核的只是業績。對各單位負責人其他方面的考核應通過別的方式進行。後一個層次的考核直接針對個人,是對營業員的全面考核。

公司對營銷部主要考核銷售計劃完成程度、利潤指標完成程度、回款率及平均回款週期、經營損失率(包括呆、壞帳損失、轉抹帳損失、拖欠款損失、商務糾紛所造成的損失等)以及銷售成本指標完成程度,對負責人主要考核是否嚴格執行有關規定。

營銷部對各銷售區域主要考核銷售計劃完成程度、成本指標完成程度、回款率及平均回款週期、經營損失率、新市場開拓率及銷售服務與市場管理等內容。

營銷部對各職能部門主要考核職責履行、工作創新及有關指標的完成情況。由於各職能管理部門職責不同,所承擔的任務指標也不同。例如營銷部的工作好壞主要反映在銷售計劃完成程度、完成的均衡程度。而辦公室的工作好壞就難以用指標來衡量,因此對各職能部門應視其工作性質分別進行考核。對發運貨這類工作結果可以用指標衡量的部門以指標考核為主,對辦公室這類工作結果難以用指標衡量的部門,以對其職責履行、工作創新情況的考核為主。

各銷售區域及各職能部門對本單位員工主要考核職責履行、工作

適應性、工作能力、工作態度和任務指標完成情況五個方面。各銷售區域對業務員的考核，以任務指標完成情況為主；各職能部門對本單位員工的考核則應側重於前四個方面，任務指標完成情況所佔權重，因不同員工工作的性質不同而不同。

3.考核的原則及主要措施

為了使考核結果準確反映被考核部門及被考核者的實際情況，考核必須自始至終堅持以下原則：

(1)公平原則

對每一被考核者(部門)應一視同仁，不帶任何主觀傾向性。為此，必須做到以下三點：

①考核標準客觀、統一，讓每一位被考核者(部門)接受相同的考核評價；

②考核要素全面且相互獨立，保證每一位被考核者(部門)都能受到全面的考核，避免以偏概全；

③考核時間與方式統一，保證考核實施過程公平。

(2)公正原則

考核結果應不受考核者的個人興趣愛好、專業特長、價值取向及感情傾向的影響。為此，必須做到以下六點：

①綜合運用多種考核方法，以避免單一方法存在的誤差累積放大效應；

②由不同層次的考核者共同進行考核，保證考核結果具有充分的代表性；

③自我考核與他人考核相結合，根據不同考核內容的特點決定採用自我考核與他人考核或二者同時使用；

④考核要素與各要素量表分開，保證考核者只根據各要素的考核

要點作出評價，不受評價結果的影響；

　　⑤採用科學方法對考核結果進行整理分析，剔除各種異常值，保證考核結果的準確性；

　　⑥考核活動與考核結果的使用分開，考核體系獨立運作，保證考核活動只對被考核者(部門)按考核內容作出客觀的評價。

　(3)公開原則

　　考核活動應有足夠的透明度，並接受被考核者(部門)及職工的監督，保證考核過程嚴格遵循公平、公正原則。為此，必須做到以下四點：

　　①考核標準公開，讓每一位被考核者(部門)知道用什麼標準對其進行考核；

　　②考核方法公開，讓每一位被考核者(部門)知道是被如何考核的；

　　③考核結果公開，並讓被考核者(部門)鑑定認可；

　　④建立考核檔案，並允許被考核者(部門)核查。

　4.考核實施程序

　(1)對各部門進行考核的程序

　　①被考核部門每月對本部門當月職責履行、指標完成及工作創新情況進行總結，上報上級考核部門；

　　②上級考核部門對各部門上報材料進行審定，並對各部門工作情況進行綜合評價；

　　③將考核結果抄送有關部門並存檔。

　(2)對個人進行考核的程序

　　①被考核者每日填寫工作日清表，經主管審查簽字後返給被考核者，月末報辦公室，辦公室對其進行審查、確立考核成績、電腦登錄，

並加以匯總；

　②被考核者每月(年)末應填寫當月(年)工作總結表並簽名，主管進行審查，並寫出評語後報辦公室，辦公室對其進行審查、電腦登錄，並匯總出當月(年)考核成績報送有關部門並存檔。員工績效考核實施流程如圖 5-17-1 所示。

圖 5-17-1　營銷考核流程圖

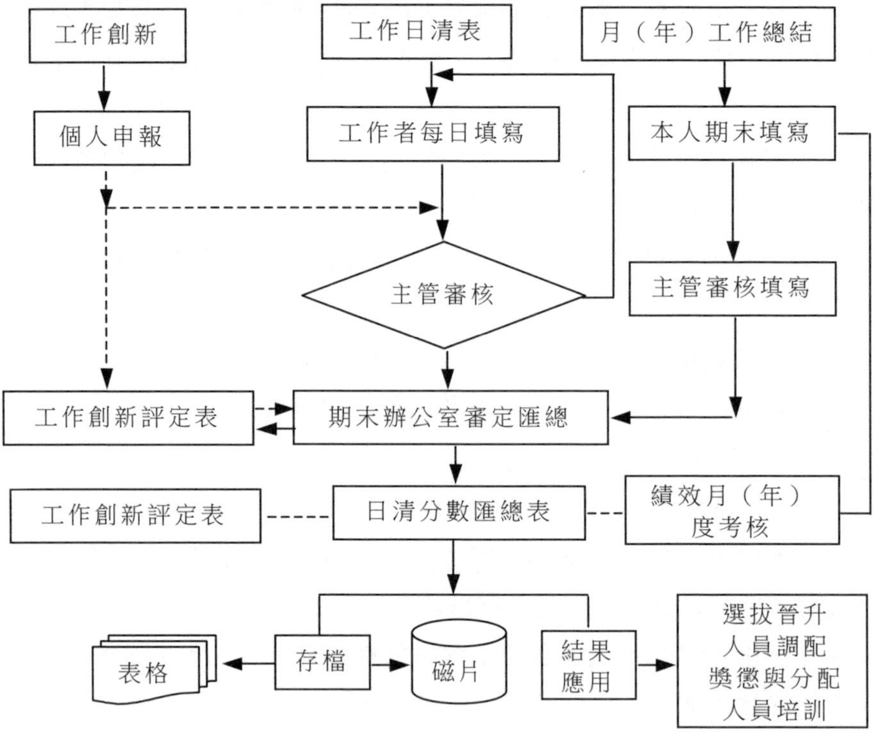

18 要加強對客戶的服務

　　加強對客戶的售後服務，增進與客戶的關係，使客戶獲得直接或間接利益，是加速收回貨款的一帖妙方。

　　當客戶購入的貨品存在品質缺陷，且其規格、等級、數量與契約條件或送貨上記載不符等事情發生時，客戶自然可以理直氣壯地拒不付款。對於上列歸責於己方的事由發生時，業務代表即應以最快的速度來解決、處理，使客戶得到最滿意的結果，為防範類似案件再發生和減少收款的困擾，業務員應撰寫客戶抱怨報告表，將客戶抱怨的事實、理由詳細　述，呈交直接主管轉有關單位詳查和改進之。

　　企業如能致力於「三好一公道」的行銷規劃經營方法，使出售的貨品具有品質好、信用好、服務好的三好特點，同時，以公道的價格出售給買方，讓買方藉購入的貨品得以生財致富，客戶自然會毫無怨言地自動按時付款。

　　「三好」中的「品質好」，屬於企業內採購部門、倉儲部門或生產部門應全力以赴的工作職責，而「信用好」亦為企業全體部門共同努力的企業形象；唯有「服務好」此一要素，完全可經由業務代表個人努力來加以發揚光大，藉著卓越的服務來抵銷客戶的不滿或抱怨，使客戶樂於按時付款。

　　一家著名企業的收款績效在同業間特別出眾，之所以如此成功，原因即在於其一貫堅持「三好一公道」的精神，強調售後服務。在貨品出售後，其營業單位特別重視售後服務，將各地區的客戶依其性質、規模及銷售額等標準，分為甲、乙、丙、丁四級，指派專人負責

巡迴服務活動,其主要服務活動有三項:

　　· 對客戶說明產品加工技術或使用方法。

　　· 對客戶指導施工技術。

　　· 提供客戶銷售或技術改進指導。

　　以上巡迴服務活動,對客戶而言,可以得到生產成本節省或提高銷售成績的金錢效益,是在協助客戶生財獲利,而客戶有感於賣方提供售後服務的好處,鮮少發生企圖積欠貨款、拖延賴帳的事情。

　　由這則實例可以印證良好的售後服務,亦是促進貨款迅速收回的一種好方法。

心得欄 ------------------------------

----

19 銷售與收款的內部控制

1. 銷售與收款的管理要點

表 5-19-1　銷售與收款業務會計管理目標與管理要點

會計管理目標	會計管理要點
登記入帳的銷貨業務確已發貨給真實的顧客	1. 在發貨前，顧客的賒銷已經被授權批准； 2. 銷貨業務是以經過審核的發運憑證及經過批准的顧客訂貨單為依據登記入帳的； 3. 銷售發票均經事先編號，並已恰當地登記入帳； 4. 每月向顧客寄送對帳單，對顧客意見作專案追查。
現有銷貨業務均已登記入帳	1. 發運憑證(提貨單)均經事先編號並已經登記入帳； 2. 銷售發票均經事先編號，並已登記入帳。
登記入帳的銷貨數量確系已發貨的數量，且已正確開具收款單並登記入帳	1. 銷售價格、付款條件、運費和銷售折扣的確定已經適當的授權批准； 2. 由獨立人員對銷售發票的編制作內部核查。
銷貨業務的分類正確	1. 採用適當的會計科目表； 2. 內部覆核和實施。
銷貨業務的記錄及時	1. 儘量採用能在銷貨發生時開具收款帳單和登記入帳的控制方法； 2. 內部核查。
銷貨業務已經正確地記入明細帳，並正確匯總	1. 每月定期給顧客寄送對帳單； 2. 由獨立人員對應收帳款明細帳作內部核查； 3. 將應收帳款明細帳餘額合計數與其總帳餘額進行比較。

2.銷售確認、發貨業務流程

圖 5-19-1 銷售確認、發貨業務流程圖

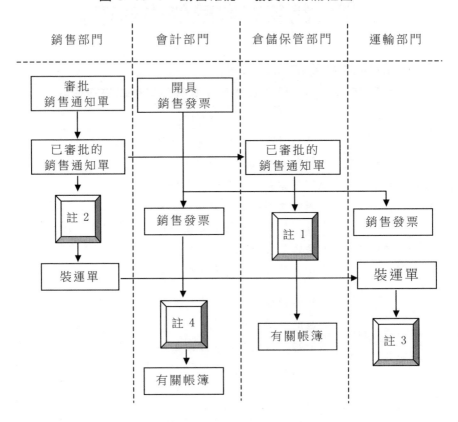

　　說明：· 註 1 是指倉儲保管部門根據已授權審批的銷售通知單發貨並記錄有關帳簿。

　　　· 註 2 是指銷售部門根據已審批的銷售通知單編制裝運單。

　　　· 註 3 是指運輸部門根據銷售發票的提單聯和裝運單組織運輸。

　　　· 註 4 是指會計部門根據銷售發票記錄銷售業務有關帳簿。

3.銷售出貨管理流程

圖 5-19-2　銷售出貨管理流程圖

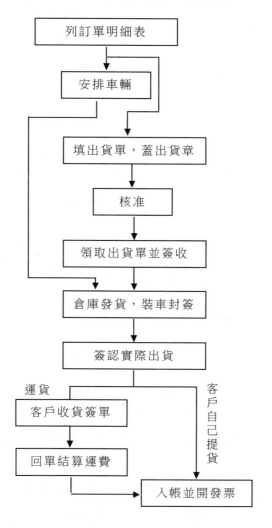

4.貨款回收管理規定

⑴會計人員根據「出貨單」會計聯、發票,製作傳票登入客戶應收帳款明細帳。

⑵「出貨單」客戶聯經客戶簽收,簽收聯由公司會計單位保管,交由業務人員按時收款。

⑶每月(或每週期)結帳一次,由會計單位提供「客戶應收帳款明細表」、「應收帳款帳齡分析表」給予業務單位,以利收款。

⑷業務單位應依據會計單位所提供的當月的「應收帳款明細表」,向客戶催收款項;凡因「銷貨退回」及「銷貨折讓」所發生的應收帳款減少,須經主管核准。

⑸業務人員收回現金,應於當日或次日上班時如數交會計部出納人員入帳,若有延遲繳回或調換票據繳回者,均依挪用公款處理;繳回票據的發票人若與統一發票抬頭不同,應經同一抬頭客戶正式背書,否則應由收款人親自在票據上背書,並註明客戶名稱備查,若經查明該票據非客戶所付,即視同「挪用公款」處理。

⑹業務人員依「應收帳款明細表」,收取客戶款項(現金或票據),回公司填寫「收款通知單」,連同所收款項一併交給會計單位(出納)簽收,一聯連同憑證給予業務人員。

⑺帳款收回時,會計單位應即將其填入當天「出納日報表」的「本日收款明細表」欄中,並過入「客戶應收帳款明細表」中,憑此銷帳及備查。

⑻業務主管除督促加強「客戶應收帳款明細表」的催收外,應核對應收未收款之「客戶聯」與「應收帳款明細表」二者是否相符。一旦不符合,立即追查原因。

⑼會計單位為加強催收應收帳款,應每月編制「應收帳款帳齡分

析表」，並將超過 60 天尚未收者，列表註明債務人、金額，該表單交由業務單位加以催收，業務主管註明遲滯原因，交由總經理室財務組評估單位績效。

⑽會計部門針對遲延未收的「應收帳款」，凡超過規定期限 60 天未收回者，除列表通知業務單位繼續催收，應通知法律部門採取必要行動，並呈報總經理財務組。

⑾會計單位應核對應收帳款明細帳、總分類帳及有關憑證是否相符；不定期向債務人函證應收帳款餘額。

⑿遲滯收回的應收帳款，若欲列為「呆帳」加以沖銷，須經主管核准。

⒀業務部最遲應於出貨日起 60 日內收款。如超過上列期限者，會計部門就其未收款項詳細列表，通知各業務部門主管，將其視同呆帳處理，並自獎金中扣除，待收回票據後，再行沖回。

20 收款計劃

就推銷觀念而言，除了滿足客戶的需求外，還得將交易的結果，收回轉化為經營資金，這種新觀念，稱為完全推銷。

業務員要收款，應當有計劃的遵守下列有關的收款規定，前往客戶處收款之前，應事前完成下列五項收款計劃：

1. 分析和確定每位客戶的收款總額，本身應完成的目標完成率。

2. 編制應收帳款明細核對表，寄給客戶核對，並同時約定前往收款日期及拜訪時刻。

3.對於賴帳、拖票期的客戶，應選定有效的收款手法。

4.確定對零星帳款的處理步驟和方法

5.制定日期別、客戶別的收款路線表。

收款的工作程序，可概分為收款前、收款中、收款三個階段，各有其應準備的收款工作，分述如下：

圖 5-20-1　收款前

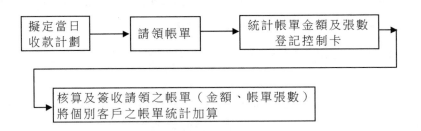

圖 5-20-2　收款中

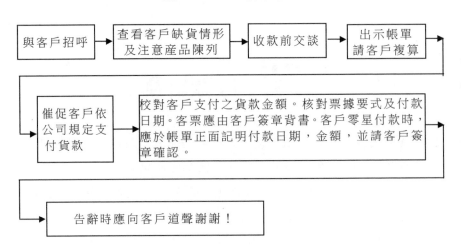

圖 5-20-3　收款後

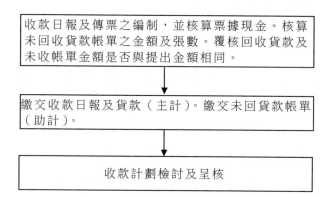

> 收款日報及傳票之編制，並核算票據現金。核算未回收貨款帳單之金額及張數。覆核回收貨款及未收帳單金額是否與提出金額相同。

> 繳交收款日報及貨款（主計）。繳交未回貨款帳單（助計）。

> 收款計劃檢討及呈核

21 約定時間收款

約定時間收款，是業務員要順利完成貨款回收的基本入門功夫，把它列為收款功夫第一招，目的在於節省業務員的收款時間。約定時間造訪的重要性，可以用以下的資料來說明：

①業務員對初次成交的客戶，未事前約定收款時間而貿然前往收款成功者，不到 1/4 而已！而這些能收回款項者，至少要多花費數次的時間與精力。

②對第一次成交的客戶，未事前約定時間而拜訪兩次以上始收回款項者，平均所花費的時間約為 85 分鐘。

③對於初次成交客戶，業務員事前與客戶約定前往收款時間而順利收回者，佔 94%。

④對於重覆購買的客戶，98%的業務員認為事前與客戶約定付款

時間,能夠節省時間而且可以順利收回貨款。

⑤業務員事前與客戶約定收款了時間,平均所花費的收款時間為 12 分鐘。

從以上的資料資料,可以很簡單地歸納出一項結論,無論是對新客戶或舊客戶,業務員若事前與客戶約定收款時間者,順利收回的比例較高,所花費的拜訪次數少,且所花費的時間短。

業務員在與客戶約定收款時間時,要掌握良好的拜訪時間,才能發揮預期造訪的良好效果,業務員安排前往收款的時間,要選擇顧客與自己均能方便和適當的時間,如果一味順著客戶的時間拜訪,容易讓客戶產生隨波逐流的不良印象,但是,也不能強求客戶配合自己的時間而開罪客戶;換句話說,要尋找雙方均蒙其利的收款時間,才是高明的業務代表應該做到的收款功夫。

收款技術欠高明的現象,往往與業務員判斷錯誤、盲目且缺乏計劃性有關。

例如您到商店要收款時,客戶就說改天再來吧!今天剛好沒有現款了,因此您的收款工作就中斷了,可是您為何在收款前不仔細分析酒期是那一天呢?您要作好一個收款路線計劃,收款時必須走在酒期之前。

若在您要收款時巧遇 酒期,您不能退縮,相反的您要以各種有力言辭說明客戶付款,如此才能減少您的帳單。

業務員在收款前,要思考何時去收款:

1. 本月內什麼時候去收比較好。

2. 本週內什麼時候去收比較好

3. 本日內什麼時候去收比較好。

4. 最好銷售時即彼此約定付款方法及票期之長短。

5.收款定期日之間隔要近一點，以免累積太大金額。

6.勤走路，即多訪問，多走幾次，收款就比較順利。

22 要交付帳單明細表

　　傳統的收款方法，都是由業務員到客戶處所，提示有關的債權憑證（如訂貨單、送貨單、簽訂單等）供客戶逐筆核對，俟客戶核對無誤後，再簽發票據或點交現金給業務員收執，這種當面結帳的方式，缺點就是對帳時，業務員必須陪侍在側，與客戶逐筆核對，結果是浪費業務員不少的寶貴時間。

　　為彌補時間浪費的缺失，業務員可以在約定收款前，先行編制客戶的帳單明細表，表內詳細逐筆記載訂貨日期、數量、單價、總金額、統一發票號碼等明細資料，以郵寄或專人送達方式寄達客戶，供其作核對付款之用。或由專人送達，轉交時必須給當事人加以簽收。

　　客戶收到帳單明細表，即可先行作核對工作，若內容所載正確無誤，客戶即可根據雙方約定的付款期限，預先簽發票據或準備現金，待業務員準時收款時，雙方就能夠在極短的時間內完成交款收款的工作了。

　　若客戶對於帳單清單明細表所載內容有疑問時，客戶可以立即以電話方式與業務員求證處理，亦能節省雙方當面會帳的時間。

　　業務代表在執行收款工作時，如果當客戶要求將送貨單、統一發票等收款憑證留下核對，則收款的業務代表在交出其憑證後，應當編制一張帳單寄存證時單，單上書寫對方寶號名稱，寄存收款帳單的張

數,號碼及其金額,約定收款日期等內容,並請客戶確認蓋章後收執,作為下次收取貨款的法定憑證。

23 對關鍵人物要加以打點

1. 保持良好的人際關係

業務代表收款績效的優劣,與廣結善緣及良好的人際關係成正比。

所謂廣結人緣,就是在推銷收款過程之中,有計劃地和有關人員建立親密的關係,並使對方產生好感的行動,但是,其最終的目的仍是在增進收款績效和再創造新業績,因此,廣結人緣應具備下列三個條件:

⑴「廣結人緣」指業務代表能給客戶和其內部有關人員等留下良好的印象。

⑵「廣結人緣」要仔細分析影響收款方法和制度的各種情勢,並對各種不利情勢予以有利化。

⑶「廣結人緣」是一種收款技術,需要業務人員經常持續不斷地檢討和改進自己的工作。只要業務人員用心學習和改善,收款績效自然會場蒸蒸日上。

要學會分析每一個客戶在付款態度和手續上具有絕對影響力的人員是誰?這個人有可能是董事長或總經理,也有可能是採購人員或秘書小姐?

業務代表應對這些人員仔細觀察,深入分析。可到各單位內探

聽，以發現出誰是具有絕對影響力的人？誰是執行付款事宜的人員？

　　當確定和掌握了對付款有影響力的人員之後，第二個步驟就是要投其所好，滿足其需要和期望，盡量減少客戶抱怨，並且經常設法瞭解其對本公司的反應，產品使用的意見及其購買動機等。

　　第三個步驟就是要經常和客戶保持良好的關係，目前經常被採用的辦法有六種：

　　　・售前、售中和售後的週到服務。

　　　・定期寄送有關公司產品新知、通訊刊物。

　　　・經常以電話、書信或訪問以贏得客戶的好感。

　　　・協助客戶爭取生意或告知生意機會。

　　　・利用婚喪喜慶機會表達心意。

　　　・提供各種經營管理的新知和具體實施方法。

　　在實行廣結人緣的具體活動之時，業務代表要對每一個客戶建立收款檔案，其中詳細記錄該客戶最終核准付款的人員的職稱及姓名、請款的時間、請款應具備的文件、付款的時間、領款時應　帶的資料，及何人執行付款手續等資料，以作為請款及收款參考之用。

　　「廣結人緣」看似是簡單而有效的收款戰術，但實施成功與否，還有賴於執行的業務代表待人接物的技巧及全力以赴的沖勁，因此，在展開廣結人緣的戰術以前，業務代表不妨先從下列修身功夫著手進行：

　　　・經常保持微笑。

　　　・待人如待己。

　　　・使別人感覺受到尊重。

　　　・勇於認錯。

　　　・避免爭論。

・善於傾聽。

當自我修身的功夫可以進入律己、慎行和謹言的境界時，加上勇往直前的具體行動，配合上述所談及的廣結人緣三部曲，定能使收款成績更上一個臺階。

2.對關鍵人物要先加以打點

收款成績最優秀的業務員，具備一個共同的特點，那就是善於運用人類最微妙、最強烈的需要——使客戶感覺到被人禮遇、敬重。

業務員無法從客戶處順利、全數收回貨款，往往正是因為業務員在實施收款行動時，未能有效掌握住客戶心理所致。

要使客戶感覺到自己受敬愛、受重視，業務員必須真正地、誠摯地喜歡客戶。即在心理上要心存感激，在行動上，讓有關的人員感覺您對他們的敬愛和重視，使他認為您的收款完成，是他們貢獻所致。

但是，業務員在心態上「感激」，　不要忘記自己的職責是「收回款項」，畢竟「我交貨品，你付款」是交易的目的所在。所以，業務員在態度上要感激，但是在內心要有堅定收款的決心。

感激使客戶與業務員產生互動效果，而「我敬人一分，人敬我十分」又是傳統的回報方式，業務代表若能不忘對下列對象表示敬意和尊重，收款工作必能立於不敗之地：

(1)經營者

客戶是貨款的義務支付者，也是為我方提供交易利潤的人，當業務員在執行工作時，切勿擺出「客戶付款」乃是天經地義的傲慢狂妄態度，而令客戶產生惡劣印象和不良反感；其次，當客戶完成付款的義務時，業務代表一定得將心存感激化成具體的行動，雙手接捧現金（或票據），兩眼注視對方，微微點首示禮、微笑，連聲致謝示意。

(2)經營者夫人

在中小型企業裏，經營者夫人通常都是企業的理財、掌財的人，掌握付款全權，老闆不在，更是由她作主；業務員在平時交往期間，有機會接觸經營者夫人時，豈可不存敬意？

(3)會計人員

在比較具備管理制度的企業，或者是政府單位裏，其請款付款都有一定的時間和程序，而且處理會計程序的人員，都是基層的會計人員，業務代表經常需和這些會計人員接觸，因此，業務代表在透過會計人員收款時，必須切記「閻王好見，小鬼難纏」的明訓，千萬不能表現出藐視輕慢、狂妄自大的態度，以免讓一些會計人員憤而刁難。

許多業務老手，頗懂得和掌握住職位卑微的人員那種特殊心理，不但處處以禮相待、以誠感召，偶而還致贈一些小禮品，使這些會計人員感受到自我價值的提升。由於業務代表處處表現出對會計人員心存感激的風範和行動，會計人員自然而然地在付款時間、方法和態度上，會給予業務代表不同的禮遇。

(4)採購人員、倉庫點收、驗收人員、生產幹部和銷售人員、業務員在與客戶交往期間

要多方面與上述人員溝通商談，以瞭解客戶所購入的產品是否有問題。

業務代表若能在銷售空閑之餘，不斷地與上述人員保持良好的關係，經常地關心貨品交付、使用或出售等種種問題，並且對其大量採購使用或再銷售流露感激之情，有時候亦能減少收款時可能遭遇到困擾。業務代表如果經常在行動上對採購人員、倉庫點收、驗收人員、生產幹部或銷售人員處處表現出心存感激的舉止行為，遇到偶發性的收款困難和障礙，只要主動致歉，避免爭辯，就比較能夠迎刃而解了。

24 遇到客戶訴苦時

業務員在收款時，最常碰到的是「客戶訴苦」，一方面希望他獲得你的同情，另一方面也是一種心理發洩；業務員一碰到此狀況，要立刻採取下列方法，加以反擊：

1. 業務員出去推銷或收款，一進店門，老闆就對著您訴苦：「最近生意很差」或「沒有錢付款」等語。當遇到這種情形時，業務員也要緊接著訴苦，甚至應該先念出「難念的經」。

2. 一般常說「習慣是第二天性」，規則性的收款，將可使客戶養成有規則地付款的習慣。

3. 訴於模仿心。模仿心有預想不到的強烈作用，在商談或拜訪之際，談一些其他同業的付款情況，往往可藉此刺激業者的模仿心，而提高收款效果，比如說「某某客戶也付了，餘下最後一張帳單是您的，那麼請您也付吧！」

4. 訴於同情心。同情心在大多數人的心裏都是存在的，有時只是程度不同罷了。在收款時，訴說公司購買進口原料調撥資金困難之情，或是如收款不佳將受到公司幹部的責難，甚至以被開除為威脅，被追究各人的責任等事，來喚起客戶的同情心，這也是一種有效果的方法。

5. 訴於自負心。任何人都有榮譽感，同時也存在一些自負感，假如我們能夠適當刺激它，將有助於促進他們付款：「像您這樣有錢的客戶，放在銀行裏存著也沒有多少利息，不如早一點付款吧」！

6. 要訴於客戶的公德心，要求客戶給予公正妥當的處理而促其付

款的進攻方法。信用交易本來就是以這種客戶的公德心為基礎而發展下來的，賒售是信賴客戶的公德心、信用感始可進行的，同時也應該據公正心而收款。訴於公正心，可以說是收款上理所當然的方法，同時也可讓他們省悟到按照合約書確實履行付款，為當然的義務。

7.訴於恐嚇心。在客戶厚臉皮的時候，或者是用前述各種方法不能收效的時候，我們就要向對方暗示，「我們可能不得不採取法律上的強硬措施來應付」，並藉此引起客戶的恐懼心理，進而刺激他付款。不過，採取法律手續是一種最後手段，所以在沒有到這一個階段以前，要配合對方的感情而採取臨時應變的措施，作適宜處理。

25 四種客戶應對之策

業務員在實施收款時，能看到各種不同客戶嬉笑怒 、幻變萬千的行為，並且可以從中深切地體會出商場炎 、人情冷暖的個中滋味。

客戶在面對付款關頭時，由於各自心態的錯綜複雜、變化不定，其所呈現的行動，真是五花八門，無奇不有。以下就最常見的四種客戶形態及其心理狀況予以陳述，並且提出有效的應對之策，供作收款參考之用。

常見的客戶行為有「東折西扣型」、「挖苦取樂型」、「傲慢型」、「東張西望型」等，業務員的應對之方法如下：

1. 東折西扣型

此類型的客戶喜歡貪小便宜，在付款時，對於零頭尾數拒絕給付，或者是對於事先談好的折讓比率要求提高；這種客戶的心理，認

為能夠爭取多少就不擇手段地爭取，犧牲別人的利益而圖利自己，只要有利可圖，必會在付款時將貨款東折西扣。

對付這種死纏爛打型的客戶，可行對策有：

⑴以和藹的語氣，堅決的態度向其解說遵照交易條件付款的長期利益。

⑵驗證該客戶過去是否有短付的「前科經驗」？公司是否地同意該折扣的尾數不收？如堅決全數收回，是否會得罪客戶？

⑶客戶要求折扣的金額不多，且客戶付款信用良好，信用等級高上，不妨作個順水人情。

⑷客戶信用不佳，且經常有短付前科，則不宜同意其無謂的折扣，對於這種客戶，不妨先禮後兵、施以高壓力必設法全數收回，絕對不可姑息養奸，徒增以後收款的困擾。

2.挖苦取樂型

此類型的客戶，經常在業務代表收款時，說些利潤微薄、銷路不佳等挖苦的話，這種客戶的心理可能是：想讓業務代表重視其存在；藉著挖苦來平衡心中的不愉快；期待業務代表能夠給予特別優待；希望業務代表向公司反映心聲。

對於這種喜歡挖苦捉弄以獲得快感的客戶，可行的收款的對策有四：

⑴多加傾聽，讓其適度的抱怨、挖苦，以解除其心理的抑制。

⑵對客戶仔細說明增加銷售的秘訣。

⑶激發其榮譽心，使其瞭解按時依約付款是最佳客戶的具體表現。

⑷以祥和親切的態度，贊揚其建議，並將向公司轉達其建議。

3.傲慢型

這類客戶在業務代表處理結帳事宜時，通常擺出「付錢者是王」、「買者是王」的傲慢態度。這種客戶之所以如此表現，往往是自卑心理在作祟，故強作冷酷無情狀，以免受害。

應會這種自命清高、眼睛長在頭頂上的客戶，實施收款時，不妨依照下列步驟來處理：

(1)多說些讚美感謝的拍馬屁話，設法化解其心理防禁的墙堵。

(2)保持若即若離的距離，使其自覺與衆不同。

(3)多向其請益成功經營的秘訣，作個良好的聽衆。

(4)多提供具體有效的服務，使客戶慢慢地接納我方的存在，並使他瞭解我方的重要性。

4.東張西望型

此類客戶在付款時，所表現出來的行為是舉棋不定、猶豫不決；這種客戶的心理是唯恐自己付款會吃虧，有暫時拒絕付款的心境，對付款所持的態度是謹慎保守，當別人已付款結帳，才願意有樣學樣地付款。

對付這種看樣學樣型、東張西望型的客戶，收款對策有四：

‧ 訴諸模仿心，舉證說明其他客戶付款的實情。

‧ 善意的恐嚇，說明不按時付款，將會面臨的各種困擾。

‧ 說明信用第一在商場往來的無形價值，堅定其依約付款的信心和決心。

‧ 拿出其他客戶已經付清貨款的現金、支票或本票，向客戶展示，讓其看樣學樣地付款。

26 根據不同的人制定不同的討債策略

假如收款人能做債務人的心理醫生,那麼你就能透視客戶的性格及其心理狀態,再予以各個擊破,自然就能把款收回。誰能掌握客戶的付款心理,誰就能搶先收回帳款,確保債權。客戶被打動時,內心充滿喜悅,付款的責任感就油然而生,當業務人員此時開口請求他履行付款義務時,他就會很樂意地支付。

如何打動客戶的心呢?

一般來說,可以訴諸下列六種心理。

1. 自利心

向客戶說明儘早結清帳款,可以獲得一些好處的方法,效果非常不錯,值得你多加利用。

例如:「今天你當場結清貨款,你可以得到 3%的現金折讓,這可比你把錢放在銀行裏還划算,而且,今後,我們公司給你的信用額度,也會提高很多的,真是好處多。所以,麻煩你……」

2. 同情心

你可以用請求幫忙的語氣來喚起客戶的同情心。惻隱之心,人皆有之,只是程度上有些不同而已。

例如:「千拜託、萬拜託你了!我就只剩下你這家還沒有付款,你不結清,我就交不了差,交不了差,我就要被開除了。請你大發慈悲,行行好,幫忙結清這筆款項吧!」

3. 公正心

這個方法是要求客戶給予公平、公正的對待,而促其如約付款。

例如:「總經理,你是個有見識的人,賣貨收款是理所當然的,請問,你賒貨給你的客戶,不也是派人按時去收款嗎?況且,我們收款也是公公正正的,既沒有提前收款,又沒有做無理的收款要求,所以,麻煩你……」

4.自負心

每個人都很重視面子,假如能夠巧妙地刺激他,將有助於提升他付款意願。

例如:「以你的經營規模、社會聲望及財務能力,付這一點兒小錢還有什麼問題,況且,同行都說你資金調度能力是本地數一數二的,所以,麻煩你……」

5.模仿心

在收款時和顧客談一些其他同業快速付款的情況,往往可以借此刺激客戶的模仿心,提高他欣然付款的意願。

例如:「別人的情況又沒有比你好,他們都已經結清了,那你現在付款,也應該是沒有問題的,請你看看,這是 XX 客戶剛結清帳款所支付的支票。」

6.恐懼心

當碰到存心賴帳的客戶,運用了許多軟性的方法訴求,客戶仍不為所動時,我們就向他暗示,我們有可能會採取法律追訴的行動來追討帳款,借此引起客戶的恐懼,刺激他趕快結清舊款。

例如:「你再這樣硬拖下去的話,我看只好把這件事移轉給我們公司的法務部門,透過法律途徑來解決囉!其實我並不喜歡把情況弄這麼糟,實在很遺憾!」

業務代表在實施收款時,最能夠看到各種不同客戶嬉笑怒 、變幻萬千的生意嘴臉,並可以從中深切地體會出「商場炎涼、人情冷暖」

的個中滋味。

談到要付款，大家的心裏都是這麼想，能拖就拖、能賴就賴，最好是能免則免，加上每一個人的心態錯綜複雜、變化不定，所以，每一個客戶所表現出來的行為，也是五花八門、無奇不有。

要想做到高效催款，就要根據不同人的性格特點制定不同的催款策略。對付硬的要有硬辦法；對付軟的要有軟招數；該翻臉的就翻臉，人家無情我何必要有「義」？人情冷暖，在催款上，幻想春天般的溫暖不現實，冬天般的殘酷無情倒常有。

1. 對付「合作型」債務人制定的策略

總的來說，對這類債務的策略可用四個字來概括，即：互惠互利。這是由「合作型」債務人本身的特點所決定的。他們最突出的特點是合作意識強，能給雙方帶來皆大歡喜的滿足。

①假設條件

假設條件策略就是在清債過程中向債務人提出一些條件，以探知對方的反應。之所以為假設，就是因為這僅僅只是需要弄清對方的意向。條件最終可以成立，但在沒有弄清對方意向之前，它僅僅只是一種協商的手段。假設條件策略比較靈活，使索款在輕鬆的氣氛中進行，有利於雙方在互利互惠基礎上達成協作協定。例如：「每月還款10萬，再送2噸棉紗怎樣？」等。

需要指出的是，假設條件的提出要分清階段，不能沒聽清債務人意見就過早假設。這會使債務人在沒有商量之前就氣餒或使其有機可乘。因此，假設條件的提出應在瞭解債務人打算和意見的基礎上。

②私下接觸

它是債權企業的清債人員或業務員等有意識地利用空閒時間，主動與債務人一起聊天、娛樂，目的是增進瞭解、聯絡感情、建立友誼，

從側面促進清債的順利進行。

2.對「陰謀型」債務人制定的策略

這一類型的債務人首先就違背了互相信任、互相協作的往來的基礎。他們常常為了滿足自身的利益與慾望，利用詭計或藉口拖欠債務。對付這類債務人，策略永遠是最重要的。

①反車輪戰術

所謂車輪戰術即債務人抱著讓債權人筋疲力盡、疲於應付以迫使債權人做出讓步的目的，不斷更換接待人員應對債權人的方法。對這種債務人，債權人需要從以下幾個方面加以遏制：

‧ 及時揭穿債務人的詭計，敦促其停止車輪戰術的運用。

‧ 對更換上來的工作人員置之不理，可聽其陳述而不作表述，這可挫其銳氣。

‧ 對原經辦人施加壓力，採用各種手段使其不得安寧，以促其主動還款。

‧ 緊隨債務企業的負責人，不給其躲避的機會。

②兵臨城下

所謂「兵臨城下」，原本就帶有威脅逼迫的意思，這裏也正是引用這一層含義。通常是債權人採取大膽的脅迫方法。這一策略雖然具有冒險性，但對於「陰謀型」的債務人時常有效。因為債務人本身想佔用資金，無故拖欠，一旦被識破，一般情況下會打擊他們的士氣，從而迫使其改變態度。例如，對一筆數額較大的貨款，債權人企業派出十多名清債要員到債務企業索款，使其辦公室擠滿了債權人企業的職工。這種做法必然會迫使債務人企業盡力還款。

3.「虛榮型」債務人制定的策略

愛慕虛榮的人的特點是顯而易見的。他們的自我意識都比較強，

喜歡表現自己，並且對別人的評價非常敏感。面對這種性格的債務人，一方面要滿足其虛榮的需要，另一方面要善於利用其本身的特點作為跳板。具體策略舉例如下：

①選擇合適的話題

一般而言，與這類債務人交談的話題應當選擇他熟悉的事或物，這樣做效果較好。也可以為對方提供自我表現的機會，同時還可能瞭解對手的愛好和有關資料，但要注意到虛榮者的種種表現可能有虛假性，切勿上當。

②顧全對方的面子

愛慕虛榮的人當然非常在意自己的面子，否則也不會是愛慕虛榮的人了。而催款人應當顧全對方的面子。索款可事先從側面提出，在人多或公共場合盡可能不提，而滿足其虛榮心。不要相信激烈的人身攻擊會使對方屈服。要多替對方設想，顧全他的面子，同時把顧全其面子的做法告知債務人。

當然，如果債務人躲債、賴債，則可利用其要面子的特點，與其針鋒相對而不顧情面。

③有效制約

「虛榮型」債務人最大的一個弱點是浮誇。因此，債權人應有戒心，為了免受浮誇之害，在清債談話中，對「虛榮型」債務人的承諾要有記錄，最好要他本人以企業的名義用書面的形式表示。對達成的還款協定等應及時立字為據，要特別明確獎懲條款，預防他以種種藉口否認。

4.對「強硬型」債務人制定的策略

從其性格特點來說，這種人更趨向於態度傲慢、蠻橫無理。面對這種債務人，寄希望於對方的恩賜是枉費心機，要想取得較好的清債

效果，需以策略為嚮導。是避其鋒芒，設法改變認識，以達到儘量保護自己利益的目的。具體運用形式為：

①沉默

這種應對策略講究對債務人心理及情緒的把握。它對態度「強」的債務人是一個有力的清債手段。上乘的沉默策略會使對方受到心理打擊，造成心理恐慌，不知所措，甚至亂了方寸，從而達到削弱對方力量的目的。沉默策略要注意審時度勢、靈活運用，運用不當效果會適得其反。如一直沉默不語，債務人會認為你是懾服於他的恐嚇，反而增添了債務人拖欠的慾望。

②軟硬兼施

這種策略是清債中常見的策略，而且在多數情況下能夠奏效，因為它利用了人們避免衝突的心理弱點。如何運用此項策略呢？

我們首先將清債班子分成兩部份，其中一個成員扮演強硬性角色即鷹派，鷹派在清債的初始階段起主導作用。另一個成員扮演溫和的角色即鴿派，鴿派在清債某一階段的結尾扮演主角。在與債務人剛接觸並瞭解債務人心態後，擔任強硬型角色的清債人員，毫不保留果斷地提出還款要求，並堅持不放，必要時帶一點兒瘋狂，依據情勢，表現一下嚇唬式的情緒行為。

此時，承擔溫和角色的清債人員則保持沉默，觀察債務人的反應，尋找解決問題的辦法。等到氣氛十分緊張時，鴿派角色出面緩和局面，一方面勸阻自己夥伴，另一方面也平靜而明確地指出，這種局面的形成與債務人也有關係，最後建議雙方都做出讓步，促成還款協議，或只要求債務人立即還清欠款，放棄利息、索款費用等要求。

當然，這裏還需注意，在清債實踐中，充當鷹派角色的人，在耍威風時應緊扣「無理拖欠」的事實，切忌無中生有，胡攪蠻纏。此外，

鷹、鴿派角色配合要默契。

5.對付「固執型」債務人制定的策略

「固執型」債務人最突出的表現是堅守自己的觀點，對自己的觀點從不動搖。對待這類債務人的策略如下：

①試探

所謂試探，其目的就是為了摸清對方的底細。在清債活動中，則是指用來觀察對方反應，以此分析其虛實真假和真正意圖。如提出對雙方都有利的還款計劃，如果債務人反應尖銳，那就可以採取其他方式清債（如起訴），如果反應溫和，就說明有餘地。

當然，這一策略還可以用來試探固執型接待人或談判人的權限範圍。對權力有限的，可採取速戰速決的方法。因為他是上司意圖的忠實執行者，不會超越上級給予的權限。所以在清債商談中，不要與這種人浪費時間，應越過他，直接找到其上級談話。對權力較大的「固執型」企業負責人，則可以採取冷熱戰術。一方面以某種藉口製造衝突，或是利用多種形式向對方施加壓力；另一方面設法恢復常態，適當時可以讚揚對手的審慎和細心。總之，透過軟磨硬抗的方法達成讓對方改變原來想法或觀點的目的。

②運用先例加以影響

雖然「固執型」債務人對自己的觀點有一種堅持到底的精神，但這並不意味著其觀點不可改變，只不過是不容易改變罷了。要認識到這一點，不然你的提議就會被限制住。為了使債務人轉向，不妨試用先例的力量影響他、觸動他。例如，債權人企業出示其他債務人早已成為事實的還款協議，法院為其執行完畢的判決、調解書等。

6.對「感情型」債務人制定的策略

從某種意義上來說，「感情型」債務人比「強硬型」債務人更難

對付，而在國內企業中，這類型的人又是最常見的。可以說，「強硬型」債務人容易引起債權人警惕，而「感情型」債務人則容易被人忽視，因為「感情型」性格的人在談話中十分隨和，能迎合對手的興趣，能夠在不知不覺中把人說服。

為了有效地對付「感情型」性格的債務人，必須利用他們的特點及弱點制定相應策略。

「感情型」性格的人一般特點是與人友善、富有同情心，專注於單一的具體工作，不適應衝突氣氛，對進攻和粗暴的態度一般是避。針對以上特點，可採用下面幾種策略：

①以弱勝強

在與「感情型」債務人進行清債協商時，柔弱往往勝於剛強，所以應當採用「以弱勝強」的策略。債權人或催款人要訓練自己，培養一種「謙虛」的習慣，多說「我們企業很困難，請你支持」「我們面臨停產的可能」「拖欠貨款時間太長了，請你考慮解決」「能不能照顧我們廠一些」等話。由於「感情型」的人性格特點隨和，會考慮還款。

②恭維

從「感情型」債務人的自身特點來說，他們較其他類型更注重人緣，更希望得到債權人的承認，受到外界的認可，同時也希望債權方瞭解自身企業的困難。因此，債權企業清債人員要說出一些讓債務人高興的讚美話，這些對於具有「感情型」性格的人非常奏效。如「現在各企業資金都困難，你們廠能這麼好，全在你們這些主管」「像你們這個行業垮掉不少了，你們還能挺過來，很不錯」「你們對我們廠的支持，我們廠是公認的」……

③有禮有節的進攻態度

與「感情型」債務人協商債務清償時，催款人應當在協商一開始

就創造一種公事公辦的氣氛，不與對方打得火熱，在感情方面保持適當的距離。與此同時，就對方的還款意見提出反問，以引起爭論，如「拖欠這麼長時間，利息誰承擔」等。這樣就會使對方感到緊張，但不要激怒對方，因為債務人情緒不穩定，就會主動回擊，他們一旦撕破臉面，債權人很難再指望商談取得結果。

27 收款時要運籌帷幄

業務員要按照約定的時間去收款，並且妥當規劃如何收款，但儘管如此，收款工作不如意者常十有八九。業務員難免會碰到一些無商德、沒廉 的客戶，施展推、拖、拉、騙的絕活，將業務員弄得人仰馬翻。

有些業務代表不知全身而退、以退為進、運籌帷幄的巧妙之處，當客戶無緣無故地使出賴皮時，即以得理不饒人的態度嚴加譴責，逼其立即當場付款，此種作為雖然在交易道理上的確是「師出有名」，然而結果 是「無功而返」，不僅無法快速收回貨款，甚至會因此而喪失了一位信用良好而手中短期資金較為拮据的客戶，失去不少未來可預期的生意；因此，業務代表在實施強硬的收款手法之前，最好能夠和公司內有關主管共同會商決定，當會商結果決定要放 與該客戶的交易關係時，再到客戶處施展以惡制惡的收款招數。

收款方法有軟、硬之分，源自公司方面是否願意與客戶繼續維持交易關係；以「運籌帷幄」的方法，來決定收款出招的路數，是業務代表收款遇到勁敵時求生求勝的秘訣。

　　由於催收態度有軟、硬之別,而所運用的方法,例如:和氣生財、
鍥而不捨地催討、發掛號催收信函、發緊急催收電報、發律師具名的
催收函、由營業主管出面催收、透過法律途徑催收……每一種催收方
法都會造成程度不等的壓力,並且會影響雙方的交往關係,究竟要採
取什麼樣的催收方法,業務代表最好與單位主管或其他相關部門加以
討論,切忌自作主張而自亂陣　。

　　假若公司商討的結果認為,應對給該賴帳客戶以改過自新的機
會,則應採取「循序漸進、以柔制剛」的催收戰略,以確保貨款早日
收回,使雙方生意能夠再繼續交往,在這種情況之下,業務代表如果
不以為然,而自行其是,用強硬的催收手法逼迫客戶,通常是弊多利
少、有害無益的。

　　自作主張是收款的大忌,運籌帷幄才是更高一籌的收款戰略;業
務代表在遇到收款困擾時,宜善用此成功收款的妙計,應能順利地完
成收款的重責大任。

　　一般來說,客戶使出拖、賴兩大絕招時,必定有恃無恐,諸如「瑕
疵品掉換新品尚未處理」等種種歸罪於收款廠商的理由,來拒絕全額
付款,在這種情況之下,業務代表只好當面向客戶道歉賠罪,並且應
立即與有關人員聯絡商討解決方法和時限,以解除收款障礙。

　　假如客戶是無端無故藉詞拖、賴付款時,業務代表須先將慍火壓
下,採取先禮後兵,以退為進的戰略,一則是謹遵「顧客永遠是對的」、
「人無笑臉休開店」的推銷明訓,留條下次繼續收款的後路;二則立
即飛報直屬主管,召開緊急會議,共同研擬有效的應對戰略,如事態
嚴重,甚至須遴請財務或法務部門共商催收程序和方法。

28 以利益說服推拖帳款之客戶

按約定時間收款，可以讓業務員在最短的時間內，與客戶結清帳款並完成收款的工作。但是，收款工作不如意者十之八、九，當業務員執行收款工作時，難免會碰到一些了無商德的客戶，使盡各種絕招，弄得業務員不知所措。

狡詐的客戶可能玩弄的伎倆，不外是推、拖、拉、騙等四式：

推：例如客戶經常以「銀行的空白支票還沒發下來、負責簽發支票的會計小姐請假」等推卸責任方式，逃避付款義務。

拖：例如客戶常常以埋怨方式，大嘆生意難做，無利可圖，要求業務員下次再來收款，以達到其拖延付款的目的。

拉：例如客戶在付款時，以拉交情方式和業務員稱兄道弟，希望業務員應允貨款給予折讓，或減收貨款。

騙：例如客戶佯稱貨品尚未賣出，手頭無多餘款項可供支付，實際上，貨品早已銷出，並獲得利潤。

業務員面對這些狐狸般狡詐的客戶，怎樣在不傷和氣顧及客戶面兩全的情況下，順利地完成收款的任務？

「善戰者，立於不敗之地，而不失敵之敗也」，當業務員執行收款工作時，猶如軍人作戰，以追求必勝為作戰的目標，而把貨款全部收回當作是銷售的最終目標，除此之外，還要掌握致勝不敗的策略，使自己處於有利地位，而不放過使敵人心悅誠服付款的任何機會。

如何掌握致勝不敗的策略，而使自己處於優越的地位呢？

· 要表現出大無畏的態度，即充滿信心。

- 要確認「全數收回貨款」為工作目標，即正確的作事目標。
- 事先制訂可行對策。針對客戶所使出的各種絕活，來制定兵來將擋，水來土掩的不敗策略。

1. 在策略上，要導之於利

在說明的策略上，要強調客戶的利益，不論客戶玩弄推、拖、拉、騙中的那種伎倆，其目的不外是藉此種種伎倆來賺取小利，因此，業務員應採取「以其人之道貌岸然，還治其人之身」的方法，而運用導之以利的策略來提醒、點明狡詐客戶的付款義務，也就是說，業務員應該詳細地向客戶解析，按時付款和全數付款，在未來雙方生意的往來中，可以獲得許許多多的利益：

- 平日按時付款，可以提高信用等級和必要時的賒欠額度。
- 大量購買時，能夠享受較同業更優惠的折讓。
- 緊急訂貨時，能夠獲得立即送貨的特別權利。
- 缺貨時，可以優先得到貨品供應。

2. 在技巧上，要義正辭嚴，努力說明。

除了直接以利益訴求來說明付款的好處外，業務員在說明時，再掌握住下列四個要訣，定能旗開得勝，而毫無困難地將款項全數收回：

- 說明時，不妨盯著對方，義正辭嚴地說。
- 切莫裝得過分可憐，而希望博取客戶的同情。
- 要反覆強調客戶有付款的能力。
- 不要因為是買方市場而心存自卑。

29 高壓收款招術

業務員都知道收款工作艱辛，為了達成公司的業績，只好咬緊牙關，努力向客戶收款。有時，面對難纏的客戶，各種收款技巧都用了，也徒然無功收不回款項時，真令業務員難堪。

俗話說：「打蛇打三寸」，收款工作也是如此，在收款時，只要瞭解客戶的狀況，針對客戶的弱點，給予適當的打擊，自能手到擒來，輕易得手。

收款招式五花八門，其實只有軟、硬兩招。軟招貴在以柔克剛，借勁打勁，如導之以利、廣結人緣等招式，使客戶養成自動自發結帳，提前全額付款的習慣，並且從其內心深處激發榮譽感、正直感，讓客戶在行動上，依照雙方約定的付款條件來向業務代表清償貨款。

硬招主剛，當業務代表遇到欺善怕惡、賴皮成性的客戶時，軟路收款招式經常是發揮不了功效，此時，業務代表應　軟從硬，不妨擺出得理不饒人的節節逼進高壓手法，請其依照約定條件付款，同時將拖、賴付款的缺點，諸如以後不優先供應貨品，減低服務水準，取消優惠價格，甚至考慮拒絕交往等事情，義正辭嚴地告訴該拖、賴客戶，這種善意的恐嚇言詞和施以高壓的技巧，經常能夠使那些欺善怕惡、賴皮成性的客戶就範。

採用硬招、施以高壓，這種收款狠招非到忍無可忍的地步時，是不可輕易使用的。實施高壓收款方法時，把握下列八個原則：

1.首先要確定該客戶是否有經常拖、賴付款的前科。一般而言，一個客戶經業務代表拜訪三次以上的，均設法推托逃避付款責任，即

可將其當作拖、賴客戶加以列管。

2.利用過去交往的經驗和間接得到的資料，確定該客戶是否有明顯的欺善怕惡的傾向。

3.在決定施以高壓方法前，業務代表應和直屬主管共同研究可能發生的後果，並徵詢業務主管的意見和建議。

4.在採取高壓的收款方法前，還要再仔細回想公司本身有無不當之處，免得錯怪好人。

5.遵循先禮後兵的原則，再給客戶知錯認錯，欣然付款的機會，如果客戶仍然頑劣不改，執迷不悟，則抱著「寧可一日沒生意，不可一時壞聲譽」的原則，再向對方直陳分析不按期付款所帶來的種種不利益。

6.遇到「以硬碰硬」的死硬派客戶時，應先行告退，再思考更好的方法，避免造成雙方大吵大鬧、無法收拾的火爆場面。

7.運用高壓收款絕招，並不意味著雙方關係的決裂。為了確保貨款的收回，業務代表應盡可能避免在大庭廣眾之下催討。

8.安排討債專家出門收帳，有些公司內設置有專司催收的法務單位或信用單位，當業務代表收帳不力或多次催收無功而返時，可以將無法收回貨款的事由說明，讓法務或信用單位瞭解處理經過及碰到的困擾，由法務人員或徵信人員前往處理。只要事前計劃妥當、考慮週詳，再由這些討債專家出門處理，略施高壓，設法居中緩衝週旋，常常會發揮收款神效，輕而易舉地將懸而不決的收款難題解開。

30 通常採用的收帳方法

無論是國內還是國外，標準帳款管理和追收手段都是以下幾種：

1.明細帳款

國外企業在應收帳款產生後，通常會向客戶發出一封自製明細帳款，準確、清楚地將匯票數目，每筆匯票金額，到期付款日，總金額等羅列其上。明顯的優點是，能夠使客戶一目了然地得知收到了多少貨物，每筆貨物實際付款日，以及應該付款的金額。不要以為客戶的帳款管理會十分出色，很多客戶的管理一團糟，有時客戶的拖欠正是由於他根本就忘記了付款日！

傳統的明細帳是通過郵局平信郵遞的。隨著通信行業的發展，大多數企業已經把交遞方式改為其他比較快捷方式，比如特快專遞、傳真和 E—mail 方式。

2.信件收帳

信函作為收帳工具使用的時間最長，是最古老的收帳手段之一。在西方，商家對它們熟悉到了產生輕視的地步。但是，信函在收帳過程中仍有許多優點：

⑴信件仍是傳播範圍最廣的通信工具；

⑵信件價格相對便宜；

⑶信件可以在很多小金額和不重要的逾期帳款上使用，而把電話收帳集中在高價值的應收帳款回收上；

⑷信件有固定的格式和內容，有利於增加企業的商業信譽。

值得注意的是，收帳信函的格式和內容必須經過精心設計，能夠

使債務人不斷感到越來越沈重的壓力。過急和過緩的壓力都會損害與客戶的合作關係和帳款的回收。

通過發信件收帳要注意以下幾點：

⑴要具體寫明收款人姓名；

⑵要有發信人簽名；

⑶發信人的職位；

⑷發信人的聯繫方式，尤其是電話；

⑸語言確切，言簡意賅，沒有套話；

⑹長度不超過一頁；

⑺要求支付的貨款金額要放在信函最顯著的位置上。

從上面的論述中我們知道，應該逐步加大對客戶的壓力。可是，客戶有時對信函根本不予理會，他桌子上的追討函可能已經堆積如山。所以，國外一些企業有這樣一個做法，他們把給客戶最後通牒的信函內容全部列印成紅色，並在抬頭打上「起訴前的通知」、「最後通牒」等字樣。紅色給人的感官刺激是非常強烈的，客戶會一眼發現這封信函，並對此過目不忘。

3.電話收帳

電話在帳款管理中起著重要作用，經驗豐富的信用人員常常能夠利用它達到良好的收款效果。根據美國一家調查機構的調查顯示，電話收帳成果是所有收帳方式中最高的。在這裏，電話收帳充滿了情感和智慧的流露，更是專業技能和知識的較量。實際上，電話收帳是信用人員與客戶的一個控制與反控制的過程，經過嚴格訓練的信用人員能夠讓客戶清楚地知道拖欠帳款的嚴重性，同時又保全客戶的臉面。控制客戶同時不被客戶控制，是一個優秀信用管理人員必備的素質。

電話收帳的信用管理人員必須具備多方面的知識，他必須熟悉貿

易知識、信用政策、商業慣例、法律、財務和心理學知識，也必須瞭解自己企業的一切經營活動。在與客戶交談時，豐富的知識會使客戶覺得正與一個十分專業的人員交涉，拖欠這家企業的帳款會受到嚴厲的處罰。

4.傳真收帳

統計表明，傳真到達收件人的幾率比信件小得多，通過傳真能夠真正讓債務負責人看到它的內容嗎？即使看到了這封傳真，債務負責人也常推說沒有收到，這是傳真的弊病。另外，傳真是一種開放的傳輸通訊形式，在傳真機旁邊的任何人都能看到上面的收帳內容，因此不具備任何保密性，有時也會傷害債務人的自尊心，這些問題事先應該想到。

傳真與信函一樣，它不是一種交流的方式，而是傳遞資訊的方式。用傳真發出基本收帳信件可以消除雙方緊張的對峙，但另一方面，傳真產生的衝擊力也最容易失去效力。因此，傳真雖然快捷，但應與其他收帳形式配合使用。

5.電子郵件收帳

通過電子郵件(Email)發追討函是最近幾年興起的做法。如果能夠獲得債務企業或其負責人的 Email 地址，這種形式不是更容易、更快捷也更省錢嗎？然而，在絕大多數企業負責人的觀念裏，Email 文件仍被看作是一種不太正規的通信工具，用非正式的工具發出追討函，似乎有失其嚴肅性和重要性。因此，除了少數企業嘗試用它發出一些非正式或初級追討函件外，大多數企業對其抱有不信任態度。不過，隨著時間的推移，電子商務形式的收帳方法必將流行起來。

6.上門收帳

上門收帳當然是自行收帳方式中最嚴厲的一種措施。面對面的交

涉比其他形式壓力更大。這時正是信用部經理發揮其才能的最好舞臺。當信函收帳和電話收帳無效時，信用部經理據此做出最後努力。債務人面對信用部經理時，已經無法像對待電話那樣隨意搪塞，他必須認真說出遲付帳款的真實理由，並很可能立刻達成某種協定。上門走訪是信用部門決定是否採取進一步嚴屬行動的最後心理防線。

31 企業如何應對客戶的藉口

1. 欠債人的藉口編造得越好，他們就越能夠拖延付款的時間。你必須保持警惕，在催款之前預先做好對付各種藉口的準備；

2. 應對藉口的第一步就是你要學會識別對方的「理由」是事實還是藉口。

3. 收款很重要而且很必要，收款人要堅決果斷，妥協讓步不會給你的收款工作帶來任何促進作用。但是，對欠款客戶的員工，要注意保持良好的私人關係，你往往可以從他們嘴裏得到收款的重要線索。如：

- 張總並沒有出差呀，他一直在公司上班。（說老總不在不能簽字原來是藉口）；
- 公司最近特別亂，老闆不在，辭職的人也多。（小心！客戶的經營可能出現了問題）；
- 幾個月沒發獎金了，上個月工資也拖了十幾天。（小心！客戶資金一定出現了問題）；
- 前幾天公司做了一筆大業務，帳上打回了 200 多萬。（現在他

有錢了，趕快去收款）。

4.必須非常清楚客戶的結款程序：要發票的原件？傳真件？要不要附運證明？可否現金結款？由誰負責接收文件？報給誰？那個人簽批？誰核准？習慣付款日期是幾號？等等。

充分熟悉對方的結款程序，對方的大多數藉口你都可以馬上識破。示例如下：

(1)由於電腦故障，我們無法列印支票。

分析：

· 這類問題常見於大客戶，如：正規企事業單位、酒店、大超市等；

· 一家公司的電腦出現問題無法列印支票，不但應付款支付不了，他們的採購生產也因此受影響，這可是一個大問題。如果真的是如此，財務部的人應該人人都知道,而且已經通知修理人員儘快維修。

對策：

· 向對方財務部人員詢問是否確有其事；

· 對方能否一口講出來「已經約了電腦公司,大約什麼時間可以修好」；

· 詢問對方修好電腦後,你們付款需要我們提供那些憑證,免得下次又碰到另一個藉口；

· 與對方約好那一天再來收款。

(2)哎呀，最近太忙了，再說我也沒收到你的帳單。

分析：

肯定是藉口。欠債的人不可能忘了欠錢這件事，只可能「忘了還」。

對策：

及時對帳，把帳單親自送交給客戶，如果是傳真，要在傳真上寫清「共幾頁」等字樣，避免他們的另一個藉口「收到了，只收到一張呀」。

(3)支票已經寄出去了。

分析：

這是最常見的藉口，也是結算詐騙的慣用手法。

對策：

· 請他拿出寄支票的複印件來，核對抬頭、帳號、地址是否有誤；
· 聯繫對方開戶行（支票簽發行），求證是否已經寄出。如果簽發行不配合就更要小心（這可能是一次銀行、客戶的聯手詐騙）；
· 聯繫自己的開戶行，確認錢是否收到。

(4)我們只能根據發票原件付款。

分析：

如果你事先清楚對方的付款程序，那麼這個理由是不是藉口就很清楚。

對策：

· 不要反問「你們為什麼只能根據原件付款」，你會得到一大堆理由；
· 欲擒故縱：表示「我們提供原件很困難，幾乎不可能」，對方會抓住機會大做文章：「我們必須根據原件付款，這是財務制度，只要你把原件拿出來，我們可以馬上付款……」，抓住他的破綻，馬上確認，「我回去試一下，儘量提供原件，如果原件拿出來，您可要馬上付款呀」。
· 問他還需要什麼手續，免得碰到另一個藉口；

· 馬上把原件送去,請他兌現諾言。

⑸最近手頭緊。

分析:

任何事情都會有先兆出現,客戶說這句話要反思,自己對客戶的信用跟蹤評估是否到位;

對策:

· 向客戶的其他供應商以及客戶的員工瞭解是否確有其事;

· 真的是手頭緊,要搞清楚是一時週轉問題,還是經營出現危機;

· 對有信譽,只是一時週轉不靈的客戶,適當給予延期。並盡可能幫他出謀劃策,幫他聯繫業務,幫他收下線帳款,以誠心和服務打動客戶;

· 對信譽不佳,故意以手頭緊為藉口不付款的客戶和經營的確面臨危機的客戶,要加緊催收,瞭解他的上下級單位(可否追索),瞭解他的固定資產(實物抵債);

· 不管怎樣,要告訴客戶,公司給你賒銷是對你還款能力的信任,也是你對還款的許諾,是你應盡的本分、義務和責任,你的「手頭緊」只是你的客觀條件,不是拒付款的理由——這個理由我沒法回去向公司交代;

· 要求客戶寫下分期還款計劃。

⑹我對你們的產品(服務)不滿。

分析:

如果你的產品真的有問題,那麼責任在你自己,但這不是客戶不付款的理由,最多是退貨的理由。

對策:

· 首先確認是否真的自己的產品(服務)有問題;

· 如果客戶想還款，那麼對產品(服務)的不滿，就不是到你收款時他才提出，從而來借拖延付款，而是一接到產品(服務)時就與你們公司聯繫了。把你的想法告訴他，拆穿他的藉口。

(7)一個月後我有一大筆進帳，屆時可以還款。

分析：

如果你相信他這句話，就又借了他一個月時間編造新的藉口。

對策：

加緊催收。

(8)我們公司還沒審批下來。

分析：

公司越小越是這個藉口。

對策：

· 事先應該搞清楚客戶的付款程序，由那些人經手，那個人審批，最後誰核准；

· 通過向客戶員工詢問,瞭解到底卡在那一環,是藉口還是事實；

· 如果是藉口就應當面揭穿,否則以後每次催款都可能遇到同樣的藉口。

(9)我們公司在 90 天內付清。

分析：

這個藉口多發於大客戶(如量販店等)信譽度較高,但有自己的付款週期。

對策：

應對的方法是盡可能與關鍵人物搞好關係,在對方的付款計劃中擠上「頭班車」,同時充分瞭解他們付款需要提供的文件(發票付運證明等)提前準備。

在對債務人拖欠藉口進行長期研究之後發現，債務人的拖欠藉口主要集中於幾個「理由」。收帳人員應該清楚瞭解這些藉口，並事先作好準備。

藉口一：「我公司的客戶沒有付款」

回答：「有一點您必須清楚，您與任何其他人的債務都與我公司無關。這筆合約的簽字雙方是我公司和你公司，從法律的角度講，你公司應無條件承擔付款責任。當然，您的處境也值得同情，這需要您對您的債務人施加更大的壓力，比如起訴他。但是，即使您不能從您的客戶那裏拿到貨款，您也必須立刻用其他資金償還我方的欠款」。

背景：客戶的意圖很明顯，他想把第三方扯進來，使問題複雜化。如果你同意讓他收回貨款後再償付給你，那麼這筆帳款很可能遙遙無期了。所以，一定要讓他打消這個念頭，從法律的角度讓他啞口無言。另外，他可能也希望博得同情，以達到拖延的目的。告訴他去起訴他的債務人，並說明這正是你公司對付債務人的方法！

藉口二：「由於市場變化，我們還沒有賣出貨物。」

回答：「我公司的銷售都是按照雙方簽訂的合約執行的，沒有任何違約行為。對於市場的變化和風險，並不是我們的責任，我們也無能為力，這並不能成為貴公司拖延付款的原因，也不能將這個風險轉嫁到我公司身上。」

背景：這個理由與第一個理由很相似，都是希望使問題複雜化。可以採用類似回答應對債務人。

藉口三：「貨物存在質量問題」

回答：「在我們雙方簽訂的合約中規定，您必須在 15 天內提出質量異議，並提供相應的商檢證明。可是，您沒有在合約規定的時間內提出異議並拿出商檢證明，而是在帳款逾期後才提出，這在法律上是

站不住腳的，不能作為拖延付款的理由」。

　　背景：貨物質量問題一向是債務人拒絕付款的主要原因。因此，為了避免這類藉口，必須在簽約時規定債務人提出爭議的最後期限，並指定提出爭議的機構。債務人提出爭議的時間必須在應收帳款到期日前。在限定爭議時間後，如果債務人仍以品質問題作藉口，就可以據理力爭了。

藉口四：「我公司老闆不在，我們其他人無法處理這件事。」

　　回答：「請告訴我，在你公司老闆外出時，誰是公司的總負責人？對外付款如何進行，誰簽字有效？另外，請將你公司的財務經理的電話告訴我，以便我們核實更多的情況」。

　　背景：一定要明白一個道理，任何公司的負責人不會讓他的公司處於無人管理狀態超過兩天，尤其是在通訊如此發達的今天。在這種情況下，他會讓副總主管財務權，並事先簽好備用的支票。因此，如果債務人的雇員在幾天後仍然這樣答覆問話，他十有八九是在說謊。如果第三個電話仍然如故，信用部經理就必須上門收帳了。

藉口五：「我公司快要破產了！」

　　回答：「您必須把詳細的情況告訴我，以便我對公司主管彙報。如果情況確實如此糟糕，請你簽署一份文件，確認我們的債務，以便在清算時使用。」

　　背景：客戶這樣說可能是在向債權人施加壓力，其實他的情況遠沒有如此糟糕。所以在做出任何讓步之前，必須把所有問題瞭解清楚，識破債務人的真實目的。如果債務人確實要破產了，就必須立刻與他簽署一份欠款確認書，這份確認書對以後的清算和財產分配十分有用。另外，立刻將此事彙報給公司的經理和老闆，通過上層的力量，

在債務人還未破產之前，盡最大力量挽回損失。

藉口六：「我們雙方之間貿易時間很長，你為什麼不相信我公司？」

回答：「我們一直對您十分信任。但是，這是我公司的信用管理政策，任何人都必須遵守。我公司的信用管理十分嚴格，公司內部人員誰違反了信用政策，誰就受到處罰；客戶不能在規定的時間內付款，就必須儘快追收。我們雙方合作一直十分愉快，我們相信您一定能夠在限期內付清貨款。」

背景：要讓客戶感到，他面對的是一家信用管理嚴密而完善的企業，違反制度必將受罰。同時，也要信任客戶而不是懷疑客戶，要讓客戶感到自己受到重視。

32 如何使用電話收款

若在付款到期日企業沒有收到客戶的付款，應立即著手進行催收，其首選方式就是電話收款。應該說電話收款是應收帳款回收最基本和有效的方式。

1. 電話收款的適用範圍

對不同企業，電話追帳的適用性也不一樣。例如，對於擁有大量客戶但每個客戶的帳款都很小的供應商來說，採用電話進行催帳也許會很不划算，因為不僅增加通信成本，也會耗費大量人力。但是，對於客戶數量不大，但每個客戶欠款金額都比較大的供應商來說，採用電話催款會非常實用。

2.電話收款人員的素質要求

(1)專業知識。電話收款人員應掌握合約、付款條件、供應商和客戶的權利與義務等基本知識，尤其應對本筆欠款的情況非常瞭解。

(2)收帳技巧。電話收款人員應熟悉並掌握電話收款的步驟，與客戶通話時的說話口氣以及火候等收帳技巧。

(3)權限。電話收款人員應明確與客戶談判時自己的權限和決策範圍，明確自身是否有權對欠帳進行打折，是否有權決定停止向債務人供貨及停止提供賒銷等懲罰措施，或確信你的上司對你的口頭決定或處理能給予支援。

3.電話收款的步驟

(1)做好準備工作。

準備好相關資料是非常重要的一步，它可防範對方搪塞的藉口，使收帳人員有備無患，收帳電話無懈可擊。撥號之前，收帳人員應準備好以下資料：

①客戶的名稱、位址與電話號碼；

②訂貨資料，包括：訂單號碼與訂貨人名字、賒銷的貨品、貨品的單價、附收的款項(運費、快遞費、保險費)等；

③發票影本，出貨日期、交貨日期，以及雙方交貨情況的相關資料；

④客戶的付款情況，包括已在付款期限內支付的金額、逾期金額；

⑤企業過去曾經採取過的收帳行動；

⑥客戶未信守的承諾有那些。

收帳電話的有效與否，與事前的準備工作息息相關。完整的催帳資料和事先的準備將使你的收帳電話加大勝算率。

(2)關鍵聯繫人。

資金流向往往是商業交往中比較敏感的話題,資金週轉實力更是一個秘密,所以在結款時要找準關鍵人,向做不了主的人提結款要求,只能是徒勞無益,甚至會「打草驚蛇」,使結果適得其反。

若對方是管理規範的大企業,應與指定付款聯繫人或財務人員聯繫;若對方是小型家族企業,最好直接與負責人或老闆聯繫。

(3)展開談話

①一開始就要開門見山,提出債務的準確數額並在談話中和結束時重覆提到這一數額;

②談話開始時要以開放式問題瞭解對方拖欠帳款的原因,問題要強調要點;

③對方會提出各種拖欠帳款的藉口,收帳人員在電話前應準備好應對回答,通話時冷靜一一應對,態度始終是:「對這個消息我很遺憾,我們確實需要你們立即付款。」

(4)得到承諾,要求付款。

收款人員要從邏輯上迫使客戶找不到任何拒絕支付逾期貨款的理由。不要怕拒絕,要獲得一個明確的付款承諾,然後繼續追蹤他的行動,直到付款為止。

電話收款是各種收款方式中最快捷的方式,透過它能迅速與客戶溝通,獲取關於拖欠貨款的信息。但由於不與對方見面,對客戶施加的壓力小,追討力度較輕。

33 電話催款要敢於開口

　　向你的客戶催收帳款，常用方法有三種：面對面催收、電話催收以及利用書面信函（或電子郵件）催收。其中，利用電話催收已經是現在最常用的方法。

　　電話催款是一門學問，因為它不受約於人，只有聲音傳達，有時你叫破喉嚨，人家當作耳旁風，有時你一句貼心的話，人家把款打。但不管如何，如果你電話催款不敢開口，那一切都是空話。

　　很多企業面對各地的代理商，不可能各地跑著去收款，這樣既浪費時間，生意也難以做大，面對這種情況，他們的收款方式最主要來自於電話。所以透過電話催收，成了收款工作的重要方法之一。

　　透過電話跟客戶催討「應收帳款」，由於不能見面，難以對客戶進行施壓，那怕你在電話裏跟對方吵架，但不給錢終是不給，弄不好對方輕易就把電話掛了，甚至有來電顯示的還不接你的電話，這樣一來，你的款項就成了呆帳。所以電話催收雖然是常用的方法，但並不是很容易的事。

　　催收有方，錢就很好收，反之則不然。收帳成敗的關鍵，同樣在於你的「想法、態度、技巧和意志」。其中，「態度」最為重要。如果你願意花點心思，學會其中的竅門，上億的帳款都可以很輕鬆地收回來。

　　1. 首先要「調整態度」。帳款收不回來，最大的問題在於「不敢開口」或「不好開口」。一般人視催收帳款為「畏途」，畏首畏尾、扭扭捏捏，這正是他們手頭上應收帳款堆積如山的主要原因。「開口要

錢」實在是很尷尬的一件事，所以，不少人寧可讓它像熟蘋果一樣，放久爛掉，也不願向債務人開口要求對方馬上結清舊帳。

所以首先要「調整態度」，向膽怯、害羞告別，改變你的想法，不要再覺得向別人催欠會不好意思。有了這樣正確的想法，你才會產生大無畏的勇氣，可以理直氣壯地向客戶開口催款。

美國羅斯福總統提醒世人：「你必須要做那些你認為做不到的事！」美國作家艾瑪· 大衛斯說得好：「最重要的戒律──不要讓別人嚇唬你。」催收帳款何嘗不是如此！

2.其次是「自我肯定」。這個步驟的用意在於，激發你的信心、活力和熱忱，使你努力不懈。

成功學大師拿破崙· 希爾有一句至理名言：「談失敗會遭到失敗；說成功就會獲得成功！」

用肯定句來激勵自己，例如「我可以馬上就去做」、「我一定能令對方心悅誠服，把錢全收回」、「我就是收款高手」等。這些話語不僅蘊含著積極的態度，也是讓你勇敢展開催收行動的前提。

以上「自我肯定」的話語，要每天持續大聲背誦 21 遍以上。你每說一遍，體內的每一個細胞都會受到牽動，這樣不斷進行「心理暗示」，會讓你士氣大振，鬥志昂揚，口齒清晰，不再扭捏。

「自我肯定」是催收工作裏非常重要的一環，它的影響力不容小看。要成為一位收款高手，就對你的潛意識多輸入一些肯定自己的信息吧！

3.肯定句的練習

有人說：「戰勝別人是英雄，戰勝自己是聖雄。」

勵志大師金克拉說：「誰有辦法把一個完全負面的情況轉變為正面的結果，誰就是人生的贏家。」

　　幾乎每一個人都曾有過催收失敗的經驗，你如果被過去失敗的經驗制約，讓挫折的痛楚纏得喘不過氣來，就會對催收工作感到厭惡，更不要說勇敢去處理那些賴債難纏的傢伙了。

　　打電話催收之前，你一定要設法擺脫過去失敗的陰霾，轉而用積極正面的心態來面對嶄新的未來，這樣，才能扭轉敗勢，使幸運降臨身邊。

　　「肯定句練習」就是幫助自己擺脫失敗的陰影，樹立積極心態的方法。

　　怎樣進行「肯定句練習」呢？

　　以下是一些範例，你可以選擇一些來對自己的內心說：

　　⑴我要今日事今日畢，不收回絕不罷手！

　　⑵我一定能滿載而歸！

　　⑶我一直在積蓄力量，已經做好應變的準備！

　　⑷我擁有獨特的魅力和溝通能力！

　　⑸我確信能把債款全部收回，因為我會全力以赴！

　　「肯定句練習」是「自我肯定」的一種方法，但在做「肯定句練習」的時候需要中氣十足、熱情洋溢、信誓旦旦，最好能大聲地說出來。

　　每天不斷向自己重覆，並記錄內心對話，就可以很輕鬆地產生積極的催收態度。

　　「我們的懷疑，就是對自己的背叛。它總是讓我們因害怕嘗試而喪失了贏的機會。」莎士比亞這句話可謂一針見血。進行催收工作時，懷疑會讓你畏縮不前，結果只能是所有的債款，一輩子都要不回來。

　　態度決定一切！透過調整心態，自我肯定並進行肯定句練習，訓練自己大無畏的勇氣，這就是對抗懷疑以及自我激勵的訣竅。

　　而正面的心情在電話催款中的作用又是什麼呢？正面的心情就是指「開心」。

　　有位收款專家提醒說：「打催收電話之前，一定要保持正面的心態。」「盡可能不要用負面的態度去破壞別人的心情，即使對方是你的債務人。因為你絕對不可能用負面的態度贏得正面的結果。」

　　「切勿為了造就自己的成功而傷害別人。」這條金科玉律能幫助省掉不少麻煩，節省很多寶貴的時間，收回令人難以置信的陳年老帳，以及許多公司準備要放棄的呆帳。

　　這個技巧可以安撫任何生氣的人，也能促使那些存心找機會拖延的人，答應付清舊欠，更重要的是增加你得到正面回應、平等溝通的概率。

　　它可以帶來意想不到的結果，收款高手一直努力把這個技巧發展為自己的神奇說服利器。

　　怎樣做到「開心」呢？答案是：提出你的要求；在每一句話之後稱呼對方的名字；帶著微笑的聲調說話；保持好心情。

　　保持好心情最為重要。你能夠在催收時保持好心情，就能將正面的能量從電話線這端傳到另外一端，感染對方，使其願意進行「溝通協商」，這是電話催款能成功的基本條件，否則對方不願意「溝通」，就可能輕易地掛斷電話，那麼再好的收款技巧都沒有用了。

　　打催收電話時，最忌諱的事情就是用負面的語氣、措辭去破壞別人的心情，甚至傷害了別人的自尊心，所以當心情不佳時，請你先設法把你負面的情緒轉換成正面的情緒，再開始拿起電話去催帳。

34 電話催款的具體技巧

介紹實際工作中使用的九個電話催收技巧。

1.確認金額。打電話催收之前，首先要核對最新的檔案資料，看看對方積欠的明細和確切金額。

2.選對時間。結婚、搬新家要看「吉時」，催收也要講究「吉時」。絕佳的吉時是在對方剛開始上班的一段時間，因為，這通常是債務人心情最好的時刻。至於中午午餐、午休時間，不宜進行電話催收。但這也沒有定論，需要透過熟悉對方的習慣，然後根據實際情況確定。

3.選對日子。每週的星期五是最好的電話催收「吉日」，因為這時候大家都在期待週末的到來。其次是週四、週二。最不宜催收日子是週一、週三。

如果你知道債務人那一天有錢進帳，在進帳日前三天，是電話催收的「吉日」。

4.要找對人。一定要找對人，如果債務人常常不在，不妨告訴接電話的人你的目的。不過，要對秘書特別客氣。

5.要說對話。為了避免使債務人產生戒備心理，絕對不要一開始就咄咄逼人，讓對方覺得他是一個「沒有付款能力的人」，破壞了雙方的良好關係。你越是「和藹可親」，態度很人性化，收回的可能性就越大。

6.講究設備。在和債務人商談時，一定要讓債務人知道你全心全意在處理他的問題，所以，最好取消電話「三方通話」服務，不要同時和另外的人通話。

不妨投資一點兒錢，買一套有語音系統的電話設備，好讓對方容易找到你，並隨時可以留話。

7.溝通良好。溝通能力是有效說服債務人結清欠款的神奇法寶，進行溝通時的小技巧如下：

①模仿對方說話的方式、速度和音量。

②「冷靜」應對亂發脾氣的客戶，好好安撫對方。好的情商加上「專業」態度是成功的關鍵。

③對於少數「亂罵人」的客戶，冷靜地告訴對方兩個解決方式：一是跟我們的律師談；二是跟我的老闆談。

④保持「理性且友好」的態度，得到的反應總是比運用「非理性且脅迫」的態度要好上百倍。

8.學會閉嘴。沉默是最高明的說話術。成功的催收高手只有必要的時刻才開口，對方說話時要懂得保持沉默。

西方有句諺語：「不說話，別人會以為你是哲學家。」你不說話，對方會覺得你諱莫如深，肯定不敢低估你，清償的意願就會大幅提升。

記住：千萬不要多說無益的話，和客戶產生不必要的爭執，以免贏了面子，失了銀子。

9.維護關係。為了收回舊款，弄得恩斷義絕，可是商場大忌，絕非明智之舉。俗話說「和氣生財」。又說「人情留一線，日後好相見」。如果對方是你公司持續往來的客戶，催收時小心應對，務必要對你的債務人情真意切表達尊重、關心，不要為了收回舊款，而傷了彼此多年的商場情誼。記住：因小失大，很划不來。

善加維護和客戶水乳交融的關係，不但可以化解先前種種的不愉快，也為日後的收款工作鋪下一條康莊大道。真正決定催收成效的是什麼？

答案是耐心和意志力。

電話催收是個數字遊戲，逮到機會就應該打電話找對方要錢。重心放在「次數」，而不是「結果」。這裏業務員玩的是一個不在乎有沒有要到錢的遊戲。隨著電話數量的增加，你的成功概率就會呈「幾何級數」提高。所以，當你打電話時，不要想結果，只要多打幾次就可以了。

這招叫作「疲勞轟炸」，效果很不錯！

最重要的還是在於：耐心、不死心、不放棄，電話一定要打到對方結清舊款才能罷手。

電話催收，沒有什麼真正困難的。只要你有「良好的心情、不錯的溝通能力和最重要的堅持」，就沒有收不回的帳。

35 信函催收的技巧

雖然在收款過程中電話和傳真機使用普遍，收帳信仍發揮著重要作用，因為收帳信的優點不可忽視：可以一次性發給眾多的客戶，價格便宜，較為正式，可以透過其設計精美的格式和內容提高企業的信用管理形象；與傳真相比，擁有更大的私密性。一封成功收帳信的撰寫與發放原則有以下幾點：

1. 收帳信寫作要點

(1)明確具體。收帳信收信人要明確到客戶方的某個人或某個職位；信尾要有發信人的簽名，並寫明職位與職權，註明電話，方便對方回話。

(2)簡明扼要。語言要簡明直接，沒有套話，長度一般限於一頁紙以內。

(3)清楚正確。要求支付的欠款金額要寫在信前部的突出位置，款項數額必須正確無誤；信中一定要說明欠款的來龍去脈，必要時可以附上一張清單影本。

(4)措辭堅定而且權威。必須明確地向債務人傳遞一個信息，您需要他按照雙方約定的確切時間付款，不要過多地位用謙恭性的語言。信函的結束處一定要給對方確定的付款或回覆信函的時間，最後以非常婉轉而客觀的態度告訴客戶，如果未履行付款要求會有什麼後果。

2.提醒性催收信的書寫

尊敬的×××：

敝公司謹在此提醒您,您帳戶中有一筆金額為 10 萬元的款項逾期未付，詳情請見信件所附之發票。

我已附上填好我方名址的回執信封，請將支票開好，並儘快寄給我方。

十分感謝。

敬祝商祺

應收帳款負責人：×××

2006 年 1 月 2 日

這種提醒信，適合在剛剛超過付款期時使用。對於那些長期來往的老客戶，這是一種善意提醒的催收信，告訴他們該付款了。如果你的付款期限是 30 天，在第 31 天就寄出此信，如果信寄出後兩星期，你仍未收到欠款，再採用電話方式與對方聯繫。

3.逾期時間較長催收信的書寫

尊敬的×××：

貴公司所欠我公司的貨款 200000.00 元，已引起我公司的高度注意。希望貴公司迅速與我們聯繫，並對於未能及時付款的原因做出合理解釋，給我們打電話或寫信均可。如有需要我們協助的地方，也請儘快通知我們。

貴公司是我們信用良好的客戶，我們非常重視雙方的合作，我們也衷心地期望貴公司的信用等級仍然能夠在我公司保持不變，以保持今後長遠的合作關係。因此，請貴公司迅速將欠款歸還我們，或立即做出合理的解釋。

應收帳款負責人：×××

2006 年 1 月 2 日

尊敬的 XXX：

由於我們數次寫信提醒貴公司支付拖欠的 20000.00 元帳款而未獲答覆，我們只好正式地通知貴公司，我公司將馬上向貴公司採取嚴厲的追討行動，這意味著我們將採取一切可能的手段，包括委託代理機構追討和法律訴訟。

我想這種結果是我們雙方都不願看到的，因為這意味著貴公司將不僅最終支付全部拖欠帳款(包含利息)，而且將承擔有關的費用(如敗訴後的法律費用等)。如貴公司不願引起這些麻煩，請於 XX 年 XX 月 XX 日前向我方支付拖欠的帳款，共計 XX 元。否則，我們屆時將採取嚴厲的追討措施。

應收帳款負責人：XXX

2006 年 1 月 2 日

4.多次電話催收無果後催收信的書寫

尊敬的 XXX：

在我們今天早晨的通話中，您提出我方不斷地就應收帳款問題打電話或寫信給您，對您造成騷擾。為此，我方願意保證您不會再收到任何關於此事的電話或信件。

然而我必須提醒您，應收帳款若不能在 2006 年 1 月 15 日前收訖，我方將按公司政策辦事，委託×律師(或××財務管理公司)處理此筆應收帳款。

一份付款用回執信封已奉上。

敬祝商祺

應收帳款負責人：×××

2006 年 2 月 27 日

這封信是寫給那些警告你以後不要再打催收電話或寫信給他的債務人的最後通牒。

用掛號信方式寄出此信，並保留好收執聯，以備法庭上的不時之需。

36 上門追討應收帳款

對於客戶，當電話收款和收帳信方式都無效時，企業就要考慮派收帳員透過上門訪問，直接與客戶交涉還款問題，瞭解拖欠原因。雖然上門追討也許是向客戶友好催帳的手段中成本最高的一種，但由於其催帳效果好，對於欠款金額較高的客戶，還是很有價值的。

1.追討前的準備工作

首先要準備好相關資料，相關內容請查看「電話收款」技能點。

另外，收帳前應向銷售人員多方瞭解客戶情況。有時，客戶會以各種原因為藉口不予付款。如：負責人不在、帳上無錢、未到公司付款時間(有的公司有固定的付款日期)、產品沒有銷完或銷路不好等等。這就要求收帳員要向銷售人員仔細詢問，掌握與結款相關的一切信息動態。只有這樣，才能摸清客戶的一些基本情況，辨明客戶各種「藉口」的真相，例如：

(1)結款時間：是隨便那一天都可以結，還是每月只有固定的幾天才可以辦理結款手續；

(2)結款方式：是現金付款，還是轉帳支付，轉帳的應注意其填寫的貨款到帳日期；

(3)結款簽字負責人坐班時間；

(4)有無對帳程序；

(5)須提供普通發票，還是增值稅發票；何時提供等。

2.實施上門追討

做好準備工作後，收帳員就可以進行上門催收了。

對大客戶而言，面訪的目的不僅僅在於收回一次貨款，而是透過與客戶交談弄清付款延遲的原因，解決問題，增進雙方的合作關係。

管理規範的大公司一般都很重視自身的信譽，不希望拖欠事實公佈於眾。收帳員上門前應提前與合適級別的人預約好，精心計劃、安排，深入討論，弄清雙方公司運轉環節的各個方面會有助於加速未來的收款。

但若對方是小型企業，就要採取另一種策略。催收時要找準關鍵人，向做不了主的人提結款要求，只能是徒勞無益，要找到老闆或公司負責人，如若對方以各種理由推辭，收帳員應針對不同的拒付藉口、不同類型的客戶做出靈活多變的處理：

⑴針對不同的藉口採取不同的行動。當客戶以某某人不在為藉口不付款時，可以聯合其他廠家的業務人員一起，以眾人的力量給其施加壓力；而當其資金確實緊張時，則應避開其他廠家的業務人員，單獨行動。如果拒付原因涉及自己的產品或公司時，收帳員則應反省是促銷不力產品滯銷、獎金返利未曾兌現，還是其他政策沒有落實到位影響了客戶的積極性，並即時整改。

⑵分清客戶類型。對付款不爽快卻十分愛面子者，可以在辦公場所當著其員工和顧客，要求他付款，此時他會顧及公司的信譽形象而結清貨款；甚至可以在下班時間到他家裏去，他不願家庭生活受到干擾也必立即結款。對付款爽快的，則應明確向其告知結款的原因及依據；並可經常地鼓勵他，將其納入信譽好的代理商之列，引導客戶良性發展。

⑶選擇時間。有的客戶忌諱一個工作週期的頭一天或幾天往外支付資金，因為他認為這樣預示著生意的虧本。所以這種客戶不願意行銷人員在一個星期的第一天，一個月的頭兩天和每天的上午找他結

款。此外，最好不要選擇在負責人心情不好、情緒不穩定時提出結款要求。

3.索要確認函和書面付款計劃

在催收帳款過程中獲取客戶對債務的書面確認或要求對方提供書面的付款計劃是非常重要的。首先，書面確認和付款計劃比較正式，能給客戶留下比較深刻的印象。其次，書面確認和付款計劃對於日後透過法律或其他嚴厲手段追討欠款將起到至關重要的作用。而且，書面確認或付款計劃越早拿到越好，因為，隨著催帳手段越來越嚴厲，就越來越不容易拿到了。在特殊情況下，客戶可能在被催帳的過程中更換人員，如果能早拿到這樣的書面確認，催款會更加容易。

實施上門追討應收帳款是企業實行自行追討的最後選擇。收款時要以理服人，靈活地採用各種戰術：惻隱術、疲勞戰術、激將法等等，軟硬兼施，對客戶施加不斷的壓力。客戶為了使自己的長遠利益不受損害，一般均會如約付款。

37 上門追討的技巧

管理規範的公司一般都很重視自身的信譽，不希望拖欠事實公佈於眾。收帳員上門前應提前與合適級別的人預約好，精心計劃、安排，深入討論，搞清雙方公司運轉環節的各個方面，會有助於加速未來的收款。

但若對方是小型企業，就要採取另一種策略。催收時要找準關鍵人，向做不了主的人提結款要求，只能是徒勞無益，要找到老闆或公

司負責人，如若對方以各種理由推辭，收帳員應針對不同的拒付藉口、不同類型的客戶做出靈活多變的處理。

1. 針對不同的藉口採取不同的行動

當客戶以某某人不在為藉口不付款時，可以聯合其他廠家的業務人員一起，以衆人的力量給其施加壓力；而當其資金確實緊張時，則應避開其他廠家的業務人員，單獨行動。如果拒付原因涉及自己的產品或公司時，收帳員則應反省是促銷不力產品滯銷、獎金返利未曾兌現，還是其他政策沒有落實到位影響了客戶的積極性，並即時整改。

2. 分清客戶類型

對付款不爽快卻十分愛面子者，可以在辦公場所當著其員工和顧客，要求他付款，此時他會顧及公司的信譽形象而結清貨款；甚至可以在下班時間到他家裏去，他不願家庭生活受到干擾也會立即結款。對付款爽快的，則應明確向其告知結款的原因及依據；並可經常地鼓勵他，將其納入信譽好的代理商之列，引導客戶良性發展。

3. 選擇時間

有的客戶忌諱一個工作週期的頭一天或幾天往外支付資金，因為他認為這樣預示著生意的虧本。所以這種客戶不願意營業員在一個星期的第一天，一個月的頭兩天和每天的上午找他結款。此外，最好不要選擇在負責人心情不好、情緒不穩定時提出結款要求。

在催收帳款過程中獲取客戶對債務的書面確認或要求對方提供書面的付款計劃是非常重要的。首先，書面確認和付款計劃比較正式，能給客戶留下比較深刻的印象。其次，書面確認和付款計劃對於日後通過法律或其他嚴厲手段追討欠款將起到至關重要的作用。

實施上門追討應收帳款是企業實行自行追討的最後選擇。收款時要以理服人，靈活地採用各種戰術：惻隱術、疲勞戰術、激將法等等，

軟硬兼施，對客戶施加不斷的壓力。客戶為了使自己的長遠利益不受損害，一般均會如約付款。

38 如何應付找藉口拖延付款的顧客

推銷是從 NO 開始，因收回貨款而完結；其實收款的完結，又是另一次推銷的開始。

一般來講，客戶生意做得好，收款工作也就不會有什麼困難，但是如果遇到客戶由於經濟不景氣，財務狀況出現問題的時候，就會常常找藉口來拖延付款。

客戶的狀況越糟糕，就越會找藉口拖延付款；而藉口編得越好，他就可以拖得越久。從事銷售工作，要緊的是人要機靈點，不能被顧客的藉口給騙得團團轉。在前往收款之前，要在心理上有所準備，做到始終「棋高一著」，不管聽到什麼藉口，在言談上都要有對策才行。

有人說：「催收工作是一場充滿挑戰的遊戲，一場沒有一方願意輸的人性競賽。」成功催收的關鍵之一，就是事先做好萬全的準備，提高警覺，機靈點，才能見招拆招。

所以在收款之前，一定要預見到可能遇到的情況，做好下面四件事情：

⑴防患未然。一開始就把對方可能的藉口堵住，讓他啞口無言。

⑵防堵再拖。預計到隨著時間的拖延，對方還會再編什麼樣藉口，然後事先防堵，讓對方無法再得逞。

⑶判斷真偽。利用詢問技巧，你就可以知道對方是在編藉口，還

是所說的是事實。

⑷表明立場。把你結清欠帳的決心告訴對方，讓對方感受到非結清不可的急迫性。

做好以上的準備，為了能快速收回貨款，還要細心規劃，正確使用方法，才能抓住債務人的心，搶先於其他債權人，輕輕鬆鬆完成收款的工作。

怎樣才能輕輕鬆鬆完成收款的任務呢？不妨花些時間，下點功夫，去向催收高手拜師請教，一定會有所助益。那些催款高手是怎麼做的呢？

首先好好地研究收款技巧，同時建立積極堅強的性格和信念。這樣才能搶佔先機，把貨款分文不少地收回，也唯有如此，你才能確定你的產品是實實在在地銷售出去的，才有可能開始下一次銷售工作。所謂的收款技巧，根據成功的收款高手的經驗，現總結成下面幾個方面：

⑴捷足先登：永遠要比你的競爭對手早到一分鐘，早到早收錢，晚到就有可能被顧客拖延或根本收不到錢。

⑵加強訪問：多拜訪幾次，多打幾通電話，不但可以增加彼此的交情，對抗競爭對手，而且可以真正掌握對手的經營實況，防患於未然。

⑶事前核對：收款以前，應把「對帳單」傳真或以電子郵件（E-mail）方式給對方，好讓對方核對所登記的應付帳款是否一致，當然，最好用電話再和對方確認一下，並告知收款期限，如此一來，可以使顧客有所準備，才不致無功而返。

⑷注意奉承：收款時，客戶如果一味奉承就一定有所企圖，此時收款人一定要心存警惕，小心應付，千萬不要輕易答應對方延期付款

或開具長期票據付款的要求。

⑸反覆催討：顧客總是有「能拖就拖」心理，因此，當顧客藉故拖延付款時，絕對不能心軟，一定要多開幾次口，反覆催討。記住：反覆、再反覆地催討。

⑹態度堅決：要表現出「公事公辦」的態度，意思表達要堅決，語氣卻要溫和，外柔內剛。

⑺同歎苦經：「念苦經」是顧客拖延付款最常使用的方法。碰到這種情形，絕對不要輸給他，馬上跟著同歎苦經，一定要「魔高一尺，道高一丈」，才能把款項順利收回。

收款其實不難，只要你有心，志在必得，用對方法，你一定能成為一位收款高手。

39 門外門裏催款

債權人或催款人既可以走去登門催款，也可以請進來有禮有節地催債，而一個具有扎實的知識、豐富的經驗、良好的心理素質和較強的公關能力的催款人員，還可以在各種場合從容不迫地實現自己的願望，達到自己的目的，完成自己的催款任務。從另一個方面來說，凡是有意拖欠債務或者存心賴債的債務人大概不會坐在家裏恭候催款上門同他進行交涉、糾纏、找他麻煩的，在現實生活當中，聞催款之風而逃的債務人多的是，碰上這種人，催款人「守株待兔」雖也是一策，可是從時間、效率上講，並不是上策。

債務人的「大本營」雖然是一個催款的場所，但絕不是唯一的場

所。催款人如果善於捕捉時機,找準機會,在其他場合向債務人催款,也許效果還會更理想一些。

(1)登門催款

登門催款是一種最為普遍的形式,它指的是債權人或者催款人走出去,到債務人的所在地,到債務人大本營去,和債務人直接進行面對面的交涉、協商,直接向債務人就債務的清償進行催討。

可以說,人們一遇到債務人拖欠或故意賴帳,往往第一時間想到的就是到債務人的家裏或公司等場合上門追討。這幾乎已成為人們的一種普遍的思維定式。人們這種習慣性的思維模式和傳統的心理因素導致古往今來大多數的催款行為都發生在債務人的大本營裏,就是說,大多數的催款行動都是在債務人的所在地進行的,就是在今天也依然是如此。目前多數債權人或催款人在選擇催款的場合時,也仍然將債務人的所在地作為首選目標。

(2)請進自家門

這裏我們遇到一個認識的問題:債務人會那麼容易地進催款者的家門?那豈不是自己給自己戴上手銬腳鐐嗎?的確如此,債務人與債權人雖然存在著債權債務關係,但是彼此之間都是獨立的民事法律主體,其地位是平等的,彼此之間不存在行政上的隸屬關係。如果債務人存在要賴債或者故意要拖欠債權人,他當然不願意與債權人見面。不過,這種債務人畢竟為數不多。大多數債務人不能按合約約定的期限還債,都確確實實有值得同情的原因。他們一般不會害怕同債權人見面,不會躲避債權人,甚至有的還會主動拜會債權人,向債權人說明情況,爭取得到債權人的理解和同情。因為對於那些暫時確實沒有償還能力的債務人,債權人親自上門催款,其理想的結果也不過是和債務人協商簽訂一個可行的延遲履行合約。這樣的催款結果,債權人

在其他場合也完全可以達到。

　　實現把債務人請進家門這一目的，最為重要的是「請」的方式以及時間，這是一個技巧性問題。什麼樣的方式和時間最好，這就要債權人根據各自的情況，根據各自債務人的情況而決定了。需要提醒債權人的一點是，不要等到債務人不還債的時候才想辦法去向債務人追討。為此，在債務合約的期限快到之時，債權人就要將債務人請進自己的大本營，以極其巧妙的方式暗示對方要遵守債務合約的約定，按時清償到期債務，這或許能在某種程度上防患於未然。

　　當然，更有一些老練的債權人在債務合約快到期限之際，邀請債務人來商談另一筆生意，或者表示極大的興趣，準備和債務人再合作一次，當然其前提自然是要債務人先將快到期限的債務了結。有利可圖，任何一個債務人也會樂意合作。這樣，債權人便會很輕鬆地達到索要債務的目的，至於是否真的要同債務人再繼續合作，主動權仍舊操縱在債權人手上。他也可能的確願意同債務人再次合作，也許債權人所許諾的另一筆生意僅僅只是一個誘餌，不論是否繼續合作，債權人都已經達到了催款的目的。他同債務人之間的債權債務關係已經了結，他完全可以自由選擇下一個合作夥伴。

　　運用這一場合進行帳款追討時，唯一需要注意的問題是，債權人務必要避免使用赤裸裸的言辭催款。如果直接通知債務人務必於什麼時間到債權人所在地就有關債務問題進行商榷，勢必會在債務人心理上造成一種逆反、對抗情緒，導致債務人拒絕同債權人見面商談。在債務人看來，雖然他欠了債未還，但是債權人無權命令他該幹什麼。如果債權人友好地邀請債務人前來參加什麼聯誼會、討論會、交易會之類的，恐怕債務人就容易接受邀請。

(3)不期而遇的場合

在現今逃債現象非常普遍的情況下,尋找債務人經常是一件讓債權人傷腦筋的事情。但生活中也不乏這樣的案例:催款人多次登門催款均因債務人外出而空手歸去,正當催款人為此苦惱不堪、一籌莫展之時,卻萬萬沒有想到意外在某種場合(例如在火車上)碰上了債務人。對債務人來講,這種場合當然是極不願意碰上的,可對催款人來講,無疑是天賜良機。催款人當然必須抓住這個來之不易的機會,同債務人進行有禮有節、認真耐心的交涉,向債務人實施催款行為,並力爭得到債務人的承諾,盡快向債權人清償所欠債務。

既然是不期而遇,自然所遇時的場合也是不確定的。在這些場合下,催款人切忌因感情衝動而引出一些過激的言辭和過火的行為,首先是要沉著、穩重、保持冷靜,對債務人應當像久別的朋友意外相遇似的熱情、禮貌。待債務人在你的感染之下也擺脫了窘境之後,再有禮有節、柔中有剛地向債務人講明債權人對債務的清償要求。因為機會難得,所以,催款人一定要有不達目的決不甘休和知難而上的精神。可以設想,在這種場合下,債務人必是想千方百計擺脫催款人的糾纏,他也許會對催款人低聲哀求,或者是動之以情,或者是欺哄瞞騙。催款人此時務必要保持清醒的頭腦,不要上債務人的當,催款人此時只需記住一點:債務人不答應立即履行債務,就一直同他糾纏下去,直到他答應履行債務為止。當然,這裏所說的答應,絕不是口頭上的一句話,就是說催款人絕不能只滿足於債務人口頭上的承諾,謹防債務人以空口無憑為由繼續拖欠、賴債。

當然,不期而遇也可能包含另一種情況,即債權人在跟蹤、確定後有意相遇。一般說來,債務人單純為躲債而出去觀光旅遊的不多,特別是一些企業的廠長經理們,他們出去大都是既躲債又開展業務,

假如催款人跟蹤而至，且纏住不放，勢必對他的業務活動造成不良影響。

(4)各種聚會場合

在當今複雜的社會中，每一個人都有其縱橫交錯的廣泛的社會關係，這些關係在某種情況下甚至是企業自身發展的基礎。債務人當然也毫不例外，要應酬如此眾多的社會關係，各種各樣的社交、聚會場合，那麼催款人就可以利用這樣的聚會、社交場合向債務人實施催債、催款行為，特別是對那些故意拖欠債務的債務人，常常都會取得令人滿意的結果。

基於聚會的性質，催款人在這樣的場合實施催款行為，更要做到有禮有節。催款人言行舉止是否符合禮儀要求，對參加聚會的人們影響極大，倘若催款人舉止粗魯、出言不遜，恐怕就會遭到人們的拒絕和譴責，從而催款人不但無法實施催款行為，人們會轉而對債務人抱有某種同情態度。再有，各種聚會場合對催款人的公關能力也是一個檢驗。在各種聚會場合下向債務人實施催款行為，要求催款人有較強的社交技巧和應變能力。

40 鍥而不捨追蹤逃債者

　　李律師受一家無線電廠的委託已經在這個小鎮上「守株待兔」了一個上午。這是一起典型的賴帳案例。兩個人持某家電公司的介紹信、銀行帳號等證明文件，訂了 30 萬元的電子琴。貨一發走，兩個人便杳無音信。李律師花了兩天的時間才趕到這個小鎮。他先找到了當地的工商所，查找債務人的住處，誰知工商所一口回絕：「我們也有難處……」

　　李律師明白，當地人不可能告訴債務人住處。怕得罪人，以後有麻煩。要找，只能靠自己。

　　這次，李律師還算運氣好，沒過多久，便在打聽到了債務人的住處。借著中午吃飯的光景，便找到了債務人。一看催款者討到家門口，債務人先是吃驚，接著又是上茶、又是上酒，可一提起債務問題，就立即裝可憐。

　　幾個小時過去了，債務人看賴不過去，就答應以貨抵債（用積壓貨抵債是逃債人慣用的手法）。在這種情況下，也只能如此辦。

　　律師催馬上看貨。在抵貨之前，賴債者又耍花招，一會兒給戚律師塞錢，一會兒又請吃飯，一會兒又介紹女人。

　　律師知道，一旦中了他們的圈套，他們抵債的貨就會漫天要價。經過幾天的努力，律師終於為債權人討回了 1000 條混紡毛毯、2000 雙鞋和數百斤絨線。按照市場實際價格，債權人損失了 1000 多元。這個結果應當說相當不錯。

　　賴帳的人都有一個共同的特點，那就是東躲西藏，盡可能讓你找

不到人。很顯然，找不到欠債人，一般而言，催款就無從談起。

　　尋找逃債者是一件不容易的事，有時候不僅白跑路，甚至還要冒風險，但不管怎麼樣，要想抓住就要鍥而不捨地去追。那怕尋找逃債人就像追蹤逃犯一樣，也要追蹤到底。

　　尋找債務人是關鍵，如果沒有忍耐和執著，在一個偏僻的小鎮找到債務人，雖說不是大海撈針，也可以說有相當的難度。催款就要有一種跟蹤追擊、鍥而不捨的精神。對付狡猾的賴帳者，就得練就一身更高的本領。催款就是抓住任何一處線索，不放棄任何一個機會。

　　催款的路雖然艱難，但也要走。因為對債權人來講，債絕不能拖。據有關機構調查，催款的成功關鍵取決於欠債時間的長短，而不是金額的大小。欠債 60 天到 180 天，追債成功率可達 75%～80%；欠債 2 年以上者，追債成功率只有 10%～20%。換而言之，迅速決斷，摸清債務人的底細是催款成功的第一步。

　　在更多時候，催款要像公安人員一樣，採取蹲坑守候，當債務人一旦出現，以迅雷不及掩耳之勢出現在他面前，然後再根據既定方案催款。優柔寡斷，往往會喪失機會。在現實中，有許多債務人就是不及時催款，使本來應當討回的債務變成爛帳。

　　有人就有錢。在商場上這似乎是一條規律。與賴帳者狹路相逢，萬不得已，還債以求解脫。然而遇上走南闖北的江湖騙子，就是把他堵在家門口，也未必能奏效。

　　在眾多的債務實例中，往往債權人在找債務人上並不花費很多。一是覺得難度大，二是覺得既然他成心賴帳，找到他也起不了多大作用。以上的事告訴我們：跑得了和尚跑不了廟，只要具備鍥而不捨追蹤精神，就不信有款催不回！

41 以理服人，強勢壓頭

　　單憑心平氣和，對催款而言，有時很難奏效。在對債權人有利，在條件有利的時候，可以採取「強勢壓頭」催款法，迫使其做出讓步，付清欠款。

　　由此可見，有了「勢」才能「壓」。什麼是「勢」？《兵經·勢》曰：「猛虎不居於低窪之地，雄鷹豈肯立於細軟的枝頭？」所以善用兵者都很重視觀察、研究和利用作戰所處的態勢，控制一地，以致震動全局，使敵方不得安定的，是因為掌握了戰略主動權；以少兵截擊多兵，致使敵雖堅甲利兵但氣沮畏避，不敢與之交鋒的，是由於扼守了重要而險峻的地形；攻取一個營壘，以致各處營壘都是望風披靡的，是由於打中了敵所倚仗的要害；部署尚未就緒，雙方還未交戰，戰馬還未驅馳，交戰前敵人看見我方旌旗就慌忙敗逃，是由於已摧毀了它的士氣。總之，能正確利用地形，能造成有利的態勢，再加上熟練的技藝，作戰時將會無往不勝。

　　「勢」至少包含「審勢」、「度勢」和「據勢」。「據勢」是具體的應用。在現實的催款中，精明的債權人都有「據勢」的妙招。

　　在催款活動中，有時談判陷於僵局。債權人還可以宣佈某個新條件或者某個期限作為最後條件迫使對方做出答覆，否則，就法庭上見。在這種情況下，債務人有時懾於法律的強制作用，就可能考慮還債。

　　強勢壓頭，逼其就範，要以理服人。法律的規定是前提，同時也要耐心地做工作，要給對方留足夠的思考時間。絕不可以採取恐嚇的

方法，或者威脅的方法逼債務人。「強勢壓頭」催款法關鍵在於一個「勢」字，把握好這個「勢」字，方能催回欠款。

42 拍馬屁，硬的不行用軟招

很多債務人拿著別人的錢過日子，自由自在。令人哭笑不得的是，這種債務人，你愁你的款，他沒有任何壓力，既不抗，也不躲，買賣照樣做，人也能找到，就是跟你磨嘴皮子。對付這樣的「無賴」，有時候來「軟」的倒挺奏效的。

陶成武天生一副耿直性格，自稱此生絕不拍任何人的馬屁。然而，一宗 16 萬元的欠款使他改變了初衷。

陶成武的紙品廠是一家鄉鎮企業，生產銷售一直很好，但大量欠款收不回來，壓得陶成武透不過氣來，有時甚至到了職工薪資發不出來的地步。2002 年以後，紙品廠的重點工作就是催款，生產基本停了下來。縣裏一家文化用品公司是最令他頭痛的一個拖欠戶，拖款長達 2 年多時間。紙品廠多次派人催，都沒有結果。但是該公司拖款有一個特點，每次催款，負責人絕不躲避，態度也很和藹，就是不還債。

陶成武也看出來這是一家難纏的拖債戶，如果按正常的方法去催款，不知何年能討回這筆貨款，於是決定用別的方法試一試。

一次，他親自上門催款，這一次，他並沒有直接談債的事，而是跟公司的負責人山南海北地胡侃。在閒談中，該公司一位主要負責人不經意中說自己有風濕性腰病。陶成武突然眼睛一亮，

他心裏想，機會終於來了。接過話茬，他順口就說，聽中醫講，電褥子治腰痛效果最好，我們村的張大爺鋪了一冬天電褥子，幾十年的腰腿痛都治好了。正好，我在鎮上開了一家百貨商店，從省城進了批電褥子，品質特別好，你要不嫌棄的話，我給你拿一條試一試。因為是治病，這位負責人並沒有推辭，只是客氣了一下說：「那該多少錢，我給你多少錢。」

第二天，陶成武便從縣城的百貨店買了一條電褥子送上門(因為他自己根本沒有什麼百貨店，全是隨口胡謅出的)，那位負責人自然笑納，當談到要給錢時，陶成武說，以後再給也不遲，這位負責人沒再說什麼。

過了一段時間，大約過了冬季，到第二年春天，陶成武又去了這家公司，這次去，他只打聽病情，也沒有提債的事。然而，奇蹟出現了。那位負責人自己開腔了：「欠你們的錢時間也不短了，鄉鎮企業也不好經營，我們公司雖然也很緊，但考慮到咱們是老客戶，我們打算從別處拆借一些錢先給你們。」陶成武當即再三表示謝意。臨走時，會計開了一張 16 萬元的支票。

拍馬屁催款法其實是透過麻痹債務人的心理，使其在放鬆警惕的情況下乖乖就範。俗話說「帳多不愁」，你不能讓拖債的人心理舒服，他有錢也不給你，大家你欠我的，我欠他的，經營中是普遍的事，誰也拿誰沒辦法。催款人的做法就是盡可能地讓拖債人「良心」發現。

「拍馬屁」催款法打的是心理戰，拍好了，一切問題都能迎刃而解。但是拍馬屁，也要講究技巧，盲目地打「心理戰」，不瞭解對方的底細，反而會壞事。另外，拍馬屁對催款人來講，也不是誰都能有勝算。如催款人語言技巧、品德修養、禮貌、風度、隨機應變等都有要求。對方講話時要認真聽，表示理解，做到柔中有剛。既不讓步，

又要說服對方。但這裏必須強調，有理也低人三分的馬屁，不是對所有的賴帳人都適應。對於那些感情淡漠的人最好採取別的手段。

43　以「情」制勝

國人比較重情義，尤其是親情。所以在催款活動中也不妨試試「以情制勝」法。朋友、親戚以及債務人身邊的人都可以利用。

人的感情是社會交往的紐帶，再奸猾的人都有親朋好友。我們常常會看到或者聽到這樣一個怪現象，有的人性情古怪，唯我獨尊，可他就聽命於某一個很不起眼的人。在這裏，無法解開其中的奧秘，但完全可以說，這種關係是可以利用的。當你對賴帳單位經理們沒有招的時候，就可以向他週圍的人下手。

一家公司長期拖一個郊區小企業建築材料款 30 萬元，每次催要，給幾千元打發了事，因為這家公司還有點實力，郊區鄉開工廠不好採取強制措施。據說，這家公司的老闆就是一個名牌大學畢業的高才生，非常孤傲，軟硬不吃，只要他想好的事，你就甭想說服他。

郊區鄉開工廠也知道，最終帳是不會賴掉的，只是老拖著，一個小廠早晚會被拖垮。2002 年，開工廠廠長的弟弟在同學聚會時，不知怎麼七拐八拐地認識了這家公司老闆的同學，也是鐵哥們。然後，以情動人，說服了為他幫忙。很快，不到半年時間，這家工廠就分兩次還清了郊區廠的貨款。

心理學家說，人類最重要的特徵之一就是有把減號變成加號的能力。人類與動物的區別也在於人類能夠借用自身之外的力量以達到自

己的目的。人常說，人才是財富。而現在，關係也是財富，人情也是財富。

走親朋路線，以情制勝，是一個很不錯的催款方法。經營中免不了要催款，平時多交往一些朋友，日後一定會幫你的大忙。

多個朋友多條路。平時，你可能不會覺得有什麼用處，但在遇到麻煩時，沒準那個親戚、朋友就能派上用場。

一個人的力量總是有限的。當然，感情的東西不能叫「利用」，也就是平時要有交情。把利益看得太重的人應當重新調整思維方式，因為有錢不一定什麼事都能做得到，關鍵時刻還是「以情制勝」。

44 借「第三者」力量

在催款活動中要妙用此法，靈活有加，方能達到催款目的。

人在商場，單槍匹馬寸步難行，面慈心軟步履維艱。有時為了達到自己的目的，借助別人的力量甚至踩著別人的肩膀過河，只要不違法亂紀也未嘗不可，催款亦然，必要時不妨試試借「梯」登天的方法。

這一方法的關鍵在於一個「借」字，也就是說要善於利用第三者的力量。

一個「借」字，在謀略家手裏，成了呼風喚雨的寶貝。古代兵書上說，誘使敵人，使其疲勞，是借敵力；使敵人與敵人之間產生誤解，自相殘殺，是借敵刃；取之於敵，用之於敵，是借敵財物；離間敵人將領，令其自鬥，是借敵將；知其計，而將計就計，是借敵謀等等。可見，「借」的內容是多方面的。

　　借「梯」登天這一方法應用於催款活動中，關鍵在借助及利用第三者的力量，順利討到應得款項。催款者們一旦掌握了「借」的精要，當會變化無窮，奇招迭出，以「四兩」的微力撥動「千斤」的難討之債。

　　里安公司主管財務的劉副經理，素有「懼內」的名聲。其妻能幹，為人正直，不貪不佔，求她吹「枕邊風」的人無不碰壁而回。但有那麼一位欲透過她向里安公司催款的陳某卻如願以償了。說來十分簡單，他並沒有運用名煙、洋酒等「常規武器」狂轟濫炸，也沒有施放一把鼻涕一把淚的「催淚瓦斯」，僅僅借助一個機會，向她通報了其夫所在公司不正當經營競爭，故意拖欠貨款，置人於困境的點滴「內幕」。她在向丈夫核實後，勃然大怒，「勒令限期歸還」。那位催款人自是歡天喜地，第二天就達到目的，奏凱而歸了。

　　這一方法中借「梯」也是多方面的，可借政策、借形勢、借上級支持、借輿論宣傳、借人情、借信譽等等。可借範圍很大，有以下幾招：

1. 借「人情」

　　借「人情」在催款活動中是運用極為廣泛的一種借「梯」。

　　利用人們社會交往中的情感因素，激起債務人的積極性，使之自願履行債務的方式，可稱為「人情催款」。

　　人是結成社會生存的智慧生物，人們在長期共同生活中相互之間形成的一定情感聯繫常常是支配人們行為的重要因素。與債的關係相聯繫的情感主要有兩種，一種是雙方當事人之間直接的情感關係，另一種是透過第三者使雙方當事人連接起來的間接情感關係。我們這裏所討論的是後一種。

　　從債權人（催款人）的立場看，借助與對方當事人有情感聯繫的第

三人以達到催款目的，不是正面攻打「堡壘」，而是迂　包抄，攻打週邊，走週邊路線。

　　要把催款時的不利條件變為有利條件，在進攻時為了迂　繞路前進，就要用小利誘騙敵人，這樣就可以在比敵人出發晚的情況下，先於敵人到達所要搶佔的要地。

　　迂與直這對關係是矛盾關係。就某一進攻目標而言，最近的路是直路，迂　盤繞的路是彎路。然而，「直路」上常有敵人設卡阻攔，久攻難克，而繞道前進雖有艱難險阻，但無敵人阻攔，此時，彎路就變成了實際上的直路。

　　這樣的迂　路線在我們的生活中是很多的。雖然不是每一條都能走得通，甚至可以說大多數的路都亮著紅燈，但是要那麼多走得通的路也沒有什麼實際意義。對催款人而言，只要有一條走得通，那就足夠了。下面是幾條常見的路線：

①夫人(或丈夫)路線

　　對鍾愛家庭的人而言，自己的妻子(或丈夫)是日常生活中關係最為親密的伴侶，因此也是人們常常著意「攻打」的主要週邊陣地。這條路線能否通暢，取決於兩個因素：首先，「枕邊風」的風力應有足夠的強度，對當事人具備很強的影響能力，經常吹、反覆吹，能夠達到一定的強度。其次，風源(當事人的妻子或丈夫)在某一方面或某幾方面存在意志薄弱，如：愛佔小便宜、有特殊愛好、心胸較為狹窄、富有同情心、愛慕虛榮等等。應該注意這是兩個必要條件，缺一不可。

　　各路催款人都想透過夫人路線迂　攻佔高築的債台，但大多紛紛落馬，無功而返，但陳某卻如願以償，原因就在於大多數人闖了「紅燈」，走進了「此路不通」的死胡同，而他們用的是過去慣用的金錢、禮品等手段，以為這是以不變應萬變的光明大道，結果是刻舟求劍，

沮喪而還。劉副經理的夫人為人正直，眼裏容不得半粒沙子；且極富同情心，願意對陷入困境的人施以援手，當她得知丈夫在商戰中的諸般「惡行」之後，遂「勒令」其夫限期改過。催款人陳某瞭解人性、體會借「梯」登天之深竟至於斯，又怎能不滿載而歸呢？

②好友路線

「一個籬笆三個樁，一個好漢三個幫」，結識知己密友是人們社會生活中的正常現象。借助對方當事人的知己好友達到催款目的，也是催款人可以利用的一個有效武器。這一武器行之有效的條件是第三人對對方當事人具有足夠的影響力。

③親屬路線

能對對方當事人產生影響作用的親屬，除了對方的夫人(情人)外，還有父母、兄弟姐妹、兒女及其他與對方關係密切的親屬。這一路線成立的基礎在於親屬與當事人之間的血緣關係或類似血緣關係，以及傳統觀念、宗法關係(封建社會遺留下來的一種家庭成員關係，已經超越了「人情」的範疇)等等。

④客戶路線

債務人與自己的客戶(尤其是長期的客戶)不一定有血緣的關係，也不一定有人際友誼，但存在利益依賴。因此，借助對方生產經營活動中的重要客戶施加影響，通常也可以收到奇效。

⑤下屬路線

債務人若是一個組織，那麼一般情況下，決策人的「週邊」結構中還包括該組織內部的職員、幹部等，我們可以統稱為「下屬」。這些下屬與決策人之間不管是公有制基礎上的平等關係還是私有制基礎上的僱用與被僱用關係，客觀上都存在利益關係，而且負責人的意圖必須經下屬的努力得到貫徹實施。因此，如果處理得當，下屬可以

為催款人的目的實現起重要作用。

利用人情實施催款，關鍵之點是「製造」一個債務人「抹不下這個情面」的局面，它可以因肌膚之親、血緣之親、類血緣之親、超血緣之親、利益之「親」等眾多因素而產生。若善於發現、發掘並利用，便可成為催款人手中的一大法寶。

2.借「權力」

債權人借助自己手中的或第三人手中的權力對債務人實施強制或變相強制措施，通常是實現債權的有效方式。例如，債權人透過某人管道，利用對方上級主管機關、單位的行政權力對下屬單位和職工討要債務；企業以扣發職工薪資和福利的辦法強行向職工索催債務；供電公司、自來水公司、天然氣公司以停電、停水、停氣的方式要脅債務人，以討要債務；銀行以強行劃撥的方式對債務人強行討要債務等等。

債權人能否借助「權力」對債務人實施催款，關鍵在於其實施行為是否具有法律的依據，是否合法。非法的催款行為不僅得不到法律的保護，而且由此給債務人造成損害的，行為實施人還須負賠償的責任。

3.借「新聞媒介」

在新聞媒介上對逃債、賴債者予以曝光，限期履行，是近年來採用的有效的催款方法。

債務人拒絕履行債的義務，一拖二逃的行為不僅是一種違法行為，也是不道德的行為，違背了勤勞、正直、友愛、互助、公平等社會主義道德規範和商品要求的道德準則。因此，對那些情節嚴重、後果極壞的逃債行為，充分利用輿論監督力量，透過報紙、廣播、電視等新聞媒體予以揭露和批評是無可非議的。這種批評不僅具有警醒世

人、維護社會安定的作用，而且輿論的力量作為一種外在的壓力還常使債務人不得不履行債務。

總而言之，借「梯」登天之催款方法運用之妙，存乎一心，催款者要靈活運用。

45 如何委託專業機構追討應收帳款

考慮到本公司的收帳能力有限，在發生客戶拖欠應收帳款的情況時，公司可以將應收帳款追討的權力交給專業收帳機構，由其代理完成向債務人的追討工作。專業收帳機構追討力度大，處理案件專業化，能節約企業追帳成本，縮短追討時間，而且能收回相當比例的逾期帳款，提高企業的信用管理形象。

委託外部專業收帳機構追討應收帳款也被稱為商帳追討，由委託方向專業追帳機構支付佣金，如果不能追回應收帳款則委託方不必支付佣金。

企業可以依據以下步驟和方法辦理委託業務：

1. 選擇資信狀況良好的專業收帳機構

選擇一個好的專業收帳機構是企業成功追帳的重要環節。企業可以從以下幾個因素進行考察：

(1)收帳機構的註冊背景、註冊資本、行業資格以及追帳網路；

(2)收帳機構的專業經驗，其人員配備、從業時間、專業化水準等是重要參考因素；

(3)收帳機構的客戶服務水準，包括其所能提供的服務項目、公司

客戶的評價、同行業企業對收帳機構的評價等；

⑷收帳機構的服務價格；

⑸收帳機構自身的財務狀況、聲譽、公司文化等其他因素。

2.提供應收帳款信息

企業選定收帳機構後，收帳機構會要求企業提供包括債務人的名稱、地址、目前經營狀況，債務的金額、時間及應收帳款拖欠經過等多方面的信息用於前期調查。

3.聽取分析評估及處理建議

收帳機構根據公司提供的應收帳款信息介紹，運用債務分析技術對案件進行分析評估，並向公司解釋分析結果，提供適合該案件的追討建議。如果公司對債務人的現狀不瞭解，而欠款金額較大時，可以先期委託收帳機構做一份債務人償債能力的專項調查。

4.辦理委託，開始合作

企業若對該收帳機構的先期工作滿意，與之確定合作關係後，收帳機構會根據債務的金額、時間、地點及綜合評價結果核算佣金比例，與公司協商確定。

然後委託雙方簽署《商帳追討委託協定》及其附件，企業預付一定的立案服務費。企業一旦決定將應收帳款的催收工作交給追帳公司來完成，就必須積極配合追帳公司的工作。

⑴向追帳機構提交有關債權的證明文件：合約、發票、提單、往來函電、債務人簽署的付款協定等；

⑵接受追帳機構的進展報告，並與之保持溝通，給予配合。

5.結算與結案

追回欠款後，委託雙方應及時結算。若還款直接匯到追帳機構帳戶，追帳機構扣留佣金，餘款應在 10 個工作日之內向企業匯出；若

還款直接匯到公司帳戶，企業應在 10 個工作日之內將佣金向追帳機構匯出。再由追帳機構提交正式結案報告，雙方同意終止委託協定。

委託專業追帳機構追討應收帳款，需要委託方與受託方在整個過程中保持溝通，依靠雙方的共同努力才能取得良好的效果。

46 如何採用仲裁方式收回呆帳

當企業與客戶發生糾紛，導致貨款拖欠時，可考慮採用另一種較為穩妥的解決方式──仲裁。

1. 仲裁的特點

(1)仲裁是一種雙方當事人自願約定解決爭議的方式。只有當事人雙方簽訂仲裁協議，仲裁機構才能取得對爭議案件的管轄權。

(2)仲裁具有法律約束力。如果一方當事人不執行裁決，另一方可請求法院強制執行。

(3)仲裁具有終局性。任何一方當事人均不得向法院起訴，也不得向其他任何機構提出變更仲裁裁決的請求。

2.實施仲裁追討應注意的問題

(1)訂立仲裁協議。企業可在訂立合約時，與客戶簽訂仲裁協定，作為合約中的附屬條款，這樣，一旦發生爭議，就能迅速交由仲裁機關裁決。如若簽訂合約時沒有訂立仲裁條款，在糾紛發生後，企業也可與客戶協商，及早訂立仲裁合約，透過仲裁解決爭議。

(2)及早申請仲裁。在債務糾紛發生後，企業經協商或調解確認無法達成和解時，應立即向仲裁機關提出仲裁申請，以便仲裁機關能立

案審理。

⑶及時採用財產保全措施。財產保全可以防止客戶在案件審理過程中轉移、藏匿財產，導致判決執行的「空判」。

財產保全是指仲裁機關在仲裁程序進行前或進行期間，根據一方當事人的申請，為保證裁決的執行或避免財產遭受損失，對當事人的財產或者爭議的標的物採取限制其處分的保護性措施。

申請財產保全措施有利於保護當事人利益，如同為日後裁決執行中切實實現企業的利益吃了一粒定心丸。但仲裁機關對申請財產保全措施的要求也較嚴格，要求申請人申請時有正當理由，提供擔保，同時保全的範圍只限於與本案有關的財務，不能擴大範圍，不能牽連第三者的財產。

⑷積極追回欠款。申請仲裁時當事人雙方可自行選擇仲裁員，組成仲裁庭。在仲裁審理過程中，企業應有效地透過陳述和辯論，保護自己的合法利益，追回欠款。

透過仲裁解決債務糾紛，收回欠款，可以避免訴訟的繁雜程序和巨大的成本，節省時間和應收帳款的回收成本。

心得欄 ----------------------------

第 六 章

企業的應收帳款管理流程

1 銷售業務管理流程

1. 流程目的

對企業現行銷售業務進行全面梳理,有效防範和化解銷售過程中的風險。

2. 適用範圍

本流程適用於企業銷售業務管理工作.

3. 職責劃分

⑴企業總經理負責銷售策略、銷售計劃、銷售合約的審批。

⑵企業主管銷售的副總負責銷售計劃、銷售合約的審核,並負責公司銷售活動的組織實施,以及重要銷售業務的談判。

⑶銷售部負責制訂銷售策略及銷售計劃,開發和維護客戶,實施業務談判,訂立銷售合約等工作。

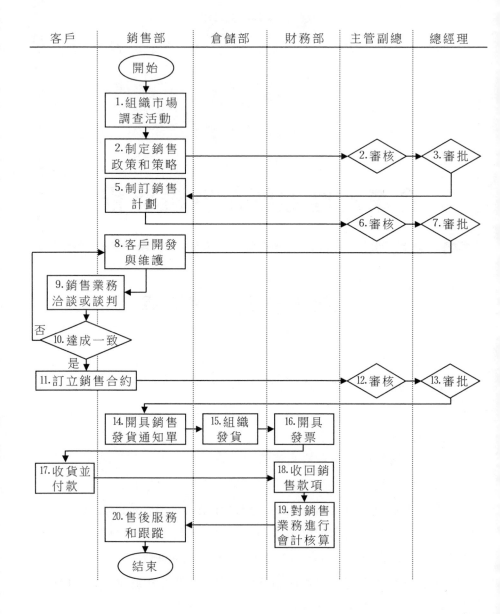

(4)財務部負責銷售業務的會計核算和發票開具工作，以及監督銷售款項的回收工作。

4.流程說明

(1)銷售策略及銷售計劃應根據市場變化作相應的適當調整。

(2)重要的銷售業務應當有財會人員參與，重要的銷售合約，應當送交企業法律顧問審核。

(3)企業應設置銷售台帳，做好銷售各環節的記錄。

任務名稱	關鍵節點	工作內容	工作標準	相關資料
制訂銷售計劃	5	在銷售預測基礎上，銷售部結合企業生產能力，設定銷售總體目標額及不同產品的目標額，並制訂具體的行銷方案和實施計劃	行銷計劃合理，經過授權審批，符合企業實際，確保企業生產經營的良性迴圈	銷售計劃書
客戶開發與維護	8	銷售部積極開拓市場，維護現有客戶，開發潛在客戶，對有購買意向的客戶進行資信評估，確定具體的信用等級	留住現有客戶，積極開發新客戶，客戶資信評估客觀、科學	客戶檔案信息表　客戶信用度評估表
銷售業務洽談或談判	9	銷售人員與客戶進行業務洽談、磋商、談判，明確銷售定價、結算方式、現金折扣及雙方權利義務等條款	在符合企業銷售政策的前提下成功銷售	談判記錄
發貨	15	倉儲部根據經批准的銷售合約和銷售發貨通知發貨	確保發貨的及時性、安全性	銷售發貨通知單

2 客戶信用管理流程

1. 流程目的

通過客戶信用管理,規範信用銷售行為,防範銷售壞帳風險。

2. 適用範圍

本流程適用於企業客戶信用管理工作。

3. 職責劃分

⑴企業總經理負責信用管理政策、信用管理條款及銷售合約的審批。

⑵主管銷售的副總負責信用管理政策、信用管理條款及銷售合約的審核,以及客戶信用級別的審核。

⑶銷售部、財務部負責制定信用管理政策、對客戶信用進行評估並授信,建立客戶的信用檔案,跟蹤和催收應收帳款等工作。

4. 流程說明

⑴必要時,企業可設置獨立的客戶信用管理機構,履行客戶信用管理職能。

⑵對於客戶信用條件差或無法核實其信用狀況,但有必要交易的賒銷業務,企業可選擇擔保、抵押、信用風險等保障措施。

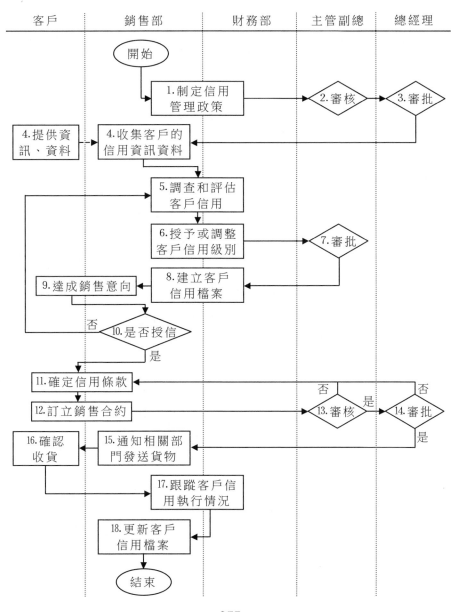

⑶企業應根據每筆賒銷業務款項回收情況，對客戶進行評估，完善客戶的信用檔案。

任務名稱	關鍵節點	工作內容	工作標準	相關資料
制定信用管理政策	1	銷售部和財務部共同制定，包括信用等級劃分、等級標準、授信種類、授信原則等內容	符合公司實際情況，能夠積極促進銷售，防範壞帳風險	客戶信用管理制度
收集客戶的信用資訊資料	4	銷售部向客戶直接索取資料，或通過資信調查機構、金融機構等獲得參考資料	確保客戶資料真實、資訊準確	客戶營業執照等影本
授予或調整客戶信用級別	6	銷售部和財務部根據信用政策及信用評估結果，對新客戶授信，對老客戶相應調整信用級別	授信以評估結果為依據，符合公司信用管理政策規定	信用評估報告
跟蹤客戶信用執行情況	17	銷售部和財務部負責跟蹤客戶信用執行情況，應收帳款回收情況，實施貨款催收手段，處理客戶延期付款要求	嚴格監控貨款到期日，及時催收，客戶延期付款履行審批程序	客戶信用記錄

3 銷售發貨控制流程

1. 流程目的

規範企業銷售發貨業務，確保銷售發貨按照規定程序執行，避免貨物損失。

2. 適用範圍

本流程適用於企業銷售發貨控制管理工作。

3. 職責劃分

(1)企業主管銷售的副總負責銷售發貨通知單的審批。

(2)銷售部負責填制發貨通知單、聯繫安排貨物的運送、與客戶確認收貨情況等工作，並負責銷售退回處理以及銷售款項的催收工作。

(3)倉儲部負責根據銷售發貨通知單備貨、辦理出庫手續以及銷售退回貨物的入庫手續等。

(4)財務部負責銷售發貨過程中的發票開具、單據審查及帳務處理等工作。

4. 流程說明

(1)銷售發貨單金額較大的或屬於特殊貨物的，應送交總經理審批。

(2)銷售部門可聯繫公司運輸部、物流部或公司合作運輸機構安排貨物的運送，確保貨物的安全發運和及時交貨。

客戶	倉儲部	銷售部	財務部	主管副總

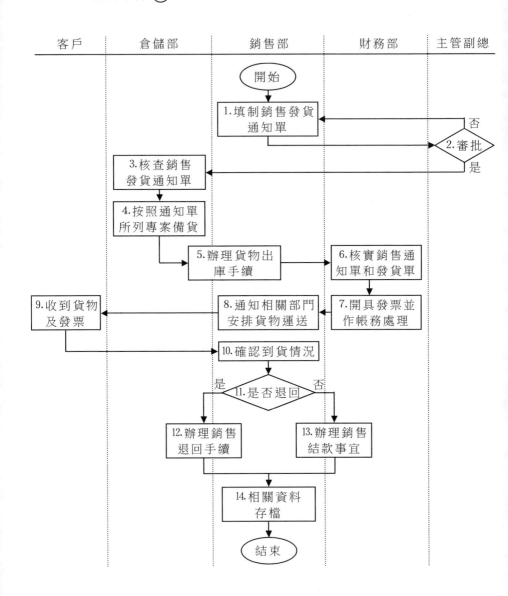

開始

1.填制銷售發貨通知單

2.審批　否　是

3.核查銷售發貨通知單

4.按照通知單所列專案備貨

5.辦理貨物出庫手續

6.核實銷售通知單和發貨單

7.開具發票並作帳務處理

8.通知相關部門安排貨物運送

9.收到貨物及發票

10.確認到貨情況

11.是否退回　是　否

12.辦理銷售退回手續

13.辦理銷售結款事宜

14.相關資料存檔

結束

⑶涉及銷售退回的，應分析退回原因，報銷售副總審批後妥善處理。

任務名稱	關鍵節點	工作內容	工作標準	相關資料
核查銷售發貨通知單	3	倉儲部核查銷售發貨通知單的發貨內容，確認庫存是否足夠，並審核通知單上相關責任人的審批簽字	審核認真、嚴格	銷售發貨通知單
按照通知單所列項目備貨	4	倉儲部按照所列的發貨品種、規格、發貨數量、發貨時間等進行備貨	備貨及時、準確	
辦理貨物出庫手續	5	倉儲部和銷售部核對發貨明細，填制發貨單，進行包裝、裝箱，填寫收貨資訊，調整倉庫存貨帳	手續辦理齊全，收貨資訊填寫完整、準確，有相關責任人簽字確認	發貨明細清單
確認到貨情況	10	銷售人員與客戶確認到貨數量、品質、包裝、破損等情況	確認及時、準確	貨物簽收確認單

4 銷售回款管理流程

1.流程目的
加強銷售回款業務控制，確保銷售款項及時、完整收回。

2.適用範圍
本流程適用於企業銷售回款管理工作。

3.職責劃分
⑴企業總經理負責客戶信用制度及客戶申請延期付款的審批工作。

⑵主管銷售的副總負責客戶信用制度及客戶申請延期付款的審核工作。

⑶銷售部負責按照公司信用銷售政策實施銷售、對銷售回款情況進行跟蹤，以及催款工作。

⑷財務部負責核查銷售回款情況，編制應收帳款，款項催收的督促工作，並進行相關的會計核算。

4.流程說明
⑴對於商品賒銷，必要時，可要求客戶辦理資產抵押、擔保等收款保證手續。

⑵銷售人員向客戶催款，應填制催款函，並妥善保管催收記錄。

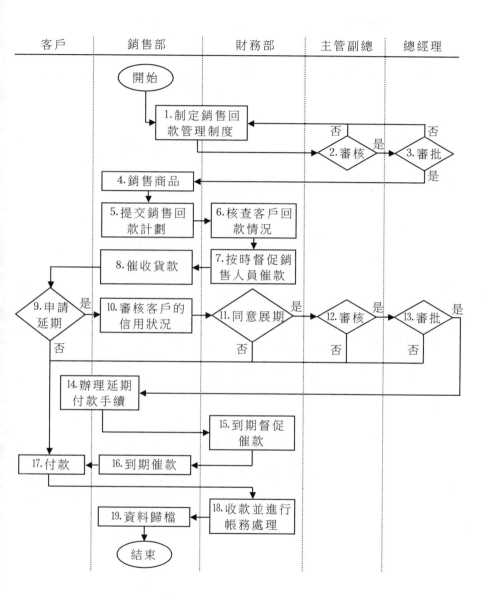

⑶客戶申請付款延期涉及金額在銷售副總審批許可權以內，則不必報總經理審批。

任務名稱	關鍵節點	工作內容	工作標準	相關資料
銷售商品	4	銷售部對不同客戶實施銷售、賒銷活動，評估客戶信用情況，簽訂銷售合約，安排發貨	客戶信用評估真實、客觀，確保賒銷符合公司規定	客戶信用評估表 銷售合約
按時督促銷售人員催款	7	財務部根據銷售回款計劃及客戶實際回款情況，填制催款函，督促銷售人員催款	真實、準確記錄銷售回款情況，及時督促銷售人員催款	催款函
催收貨款	8	銷售部根據應收帳款明細表，聯繫提醒客戶按時付款，向客戶發送催款函，保管催款記錄	定期、按時催款，確保貸款的安全、完整回收	催款記錄
辦理延期付款手續	14	客戶和銷售人員填寫延期付款申請，明確申請延期付款原因、客戶承諾付款期限等內容	申請單有客戶的蓋章簽字，按規定履行審批程序	延期付款申請單

5 應收帳款管理流程

1. 流程目的

確保應收帳款的安全、及時回收，避免壞帳損失，確保公司權益。

2. 適用範圍

本流程適用於企業應收帳款管理工作。

3. 職責劃分

⑴總經理負責應收帳款管理制度的審批，及客戶到期未付款情況說明及處理對策的審批工作。

⑵主管副總負責應收帳款管理制度的審批，及客戶到期未付款情況說明及處理對策的審批工作。

⑶財務部負責制定應收帳款管理制度、編制應收帳款明細表、帳齡分析表及對帳單，檢查客戶付款情況，並進行相關的帳務處理。

⑷銷售部負責與客戶核對應收帳款、催款等工作。

4. 流程說明

⑴應收帳款全部或部份無法收回的，企業應注意保留相關證據，如客戶簽收的發貨單回執，客戶蓋章簽字的對帳單等資料。

⑵企業應針對應收帳款的回收情況，制定考核獎懲辦法。

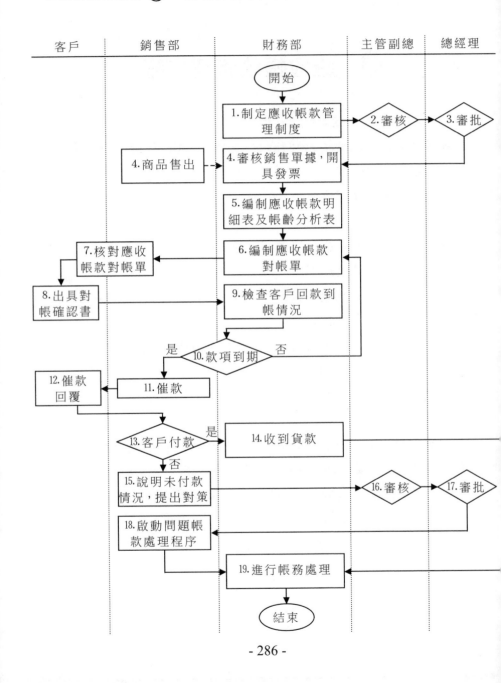

(3)對轉入問題帳款的，企業應停止供貨，並及時調整客戶信用級別。

任務名稱	關鍵節點	工作內容	工作標準	相關資料
編制應收帳款明細表及帳齡分析表	5	財務部應明確客戶名稱、應收帳款期末餘額、本期發生數、收回數、期末餘額、帳齡等內容	編制準確，總帳和明細帳核對相符，帳齡分析表計算準確	應收帳款明細表 應收帳款帳齡分析表
核對應收帳款對帳單	7	客戶和銷售人員通過往來函電等方式核對應收帳款，包括對帳期間、交易明細、交易條件、應收金額、已收金額以及未收金額等內容	核對詳細、認真、及時，核對記錄妥善保管	應收帳款對帳單
未付款情況說明並提出對策	15	銷售部負責判斷客戶是否惡意拖欠，說明客戶資信情況、未付款原因、貨款收回預期，以及相關貨款催收措施	客觀、真實反映實際情況，提出有效、可操作的具體對策	貨款催收計劃
啟動問題帳款處理程序	18	銷售部負責編制問題帳款報告書，制定實施專項催收方案，提請法律途徑追回貨款等	最大限度地降低應收帳款損失風險	問題帳款報告書

第 七 章

企業應收帳款管理的案例

【案例一】 應收帳款管理案例

　　UD 公司是從事機電產品製造和兼營家電銷售的國有中型企業，資產總額 4000 萬元，其中，應收帳款 1020 萬元，佔資產總額的 25.5%，佔流動資產的 45%。近年來，UD 公司應收帳款居高不下，營運指數連連下滑，已到現金枯竭、舉步維艱、直接影響生產經營的地步。會計師事務所 2010 年 3 月對 UD 公司 2009 年度會計報表進行了審計，在審計過程中根據獲取的不同審計證據將該公司的應收帳款作了如下分類：

　　1.被騙損失尚未作帳務處理的應收帳款 60 萬沅；

　　2.帳齡長且原銷售經辦人員已調離，其工作未交接，債權催收難以落實，可收回金額無法判定的應收帳款 300 萬元；

　　3.帳齡較長，回收有一定難度的應收帳款 440 萬元；

　　4.未發現重大異常，但期後能否收回，還要待時再定的應收帳款

220萬元。

分析：

1. 企業未制定詳細的信用政策，並根據調查核實的客戶情況，明確規定具體的信用額度、信用期間、信用標準並經授權審批後執行賒銷，而是盲目放寬賒銷範圍，在源頭上造成大量的壞帳損失。

2. 企業沒有樹立正確的應收帳款管理目標，片面追求利潤最大化。這其中一個重要的原因就是企業及銷售部門和銷售人員考核時過於強調銷售收入和利潤指標，而沒有設置應收帳款週轉率這樣的指標。

3. 企業沒有明確規定應收帳款管理的責任部門，沒有建立起相應的管理制度，缺少必要的合約、發運憑證等原始憑證的檔案管理制度，導致無法對應收帳款損失或長期難以收回追究責任。

4. 對應收帳款的會計監督相當薄弱。企業沒有明確規定財務部門對應收帳款的結算負有監督檢查的責任、沒有制定應收帳款結算監督的管理辦法。同時，財務部門也未定期與往來客戶透過函證等方式核對帳目，取得有法律效力的對帳單。由於財務部門與銷售部門基本上各自為政，缺乏必要的財務監督，因此無法及時發現出現的異常情況，尤其是無法防止或發現貨款被銷售人員侵佔或挪用的風險。

【案例二】 SQ 公司銷售與收款內部控制案例

一、案例簡介

SQ 公司為一服裝生產企業，服裝以出口為主。當年其他應付款——外協加工費餘額 1000 萬元，佔公司當年利潤的 65%。外協加工費當年累計發生額佔銷售成本的 22%。

SQ 公司內控現狀如下：

1. 由生產部經理負責是否委託、對外委託和驗收；

2. 對外委託的外協加工情況財務部門一無所知，財務對委託過程失去控制；

3. 發生退貨時，直接報生產部經理備案，生產部未設有備查帳簿，全憑生產部經理一人控制，財務部門同樣失去監督。

二、案例分析

本案例中生產部經理一人控制委託加工交易的全部過程，很可能存在以下舞弊風險：

1. 生產部經理可能會利用委託價格、委託數量、退貨索賠等環節的內部控制漏洞，獲取不正當利益；甚至在有些情況下為獲取不當利益，在本公司生產能力允許的情況下，將生產訂單對外委託，從而浪費本公司生產能力。

2. 透過控制外協加工的數量、價格、甚至透過虛假的委託操縱公司利潤。

在本案例中，公司應在以下環節進行改進：

1. 所有委託外協事項應由獨立於生產部的部門和人員決定；

2. 委託事項應報財務部門備案；

3. 收回委託加工商品應經過獨立的檢驗部門檢驗；

4. 總經理審批前應將發票、檢驗單、入庫單一同報財務部門審核，財務部門應將上述資料與備案的委託資料進行核對；

5. 發生退貨時應及時報財務部門和委託部門備案，以便及時向外協加工單位索賠。

【案例三】　BBC 公司銷售與收款內部控制的案例

一、案例簡介

BBC 公司是從事機電產品製造和兼營家電銷售的企業，資產總額 4000 萬元，其中，應收帳款 1020 萬元，佔總資產額的 25.5%，佔流動資產的 45%。近年來企業應收帳款居高不下，營運指數連連下滑，已到了現金枯竭，舉步維艱，直接影響生產經營的地步。造成上述狀況除了商業競爭的日愈加劇外，企業自身內部會計控制制度不健全是主要原因。

會計師事務所 2004 年 3 月對 BBC 公司 2003 年度會計報表進行了審計，在審計過程中根據獲取的不同審計證據將該公司的應收帳款作了如下分類：

1. 被騙損失尚未作帳務處理的應收帳款 60 萬元；

2. 帳齡長且原銷售經辦人員已調離，其工作未交接，債權催收難以落實，可收回金額無法判定的應收帳款 300 萬元；

3. 帳齡較長回收有一定難度的應收帳款 440 萬元；

4. 未發現重大異常，到期後能否收回，還要待時再定的應收帳款

220 萬元。

　針對上述各類應收帳款內控存在的重大缺陷，會計師事務所向 BBC 公司管理當局出具了管理建議書，提出了改進意見，以促進管理當局加強內部會計控制制度的建設，改善經營管理，避免或減少壞帳損失以及資金被客戶長期無償佔用，同時也為企業提高會計信息品質打下良好的基礎。

二、案例分析

(一)BBC 公司銷售與收款環節存在的問題

　1.企業未制定詳細的信用政策，並根據調查核實的客戶情況，明確規定具體的信用額度、信用期間、信用標準並經授權審批後執行賒銷。而是盲目放寬賒銷範圍，在源頭上造成大量的壞帳損失。

　如：1999 年年末，曹老闆前來 BBC 公司購買 20 萬元電視機，並一次支付現金結算貨款，2000 年春節前夕曹老闆再次攜現金 20 萬元要求購買 80 萬元的電視機並承諾 60 萬元貨款在春節後 1 個月內結清，同時留下其公司營業執照和其本人身份證影本以及聯繫方式。BBC 公司銷售部門及有關人員在未進一步調查核實曹老闆真實身份及其資信狀況也未經公司批准的情況下，僅憑曹老闆提供的影本以及攜帶的大量現金就斷定遇到了財神爺，怕失去此次乃至今後財源滾滾而來的機會，積極貨源向曹老闆供貨。誰知此後曹老闆人間蒸發毫無音訊。待之後公安機關偵破此案時，貨款已被曹老闆揮霍一空，60 萬元血本無歸。

　2.企業沒有樹立正確的應收帳款管理目標，片面追求利潤最大化，而忽視了企業的現金流量，忽視了企業財富最大化的正確目標，這其中一個重要的原因就是對企業以及銷售部門和銷售人員考核時過於強調利潤指標，而沒有設置應收帳款回收率這樣的指標，一旦發

生壞帳則已實現的利潤就會落空。

由於企業產品銷售不暢,為了擴大銷量,完成利潤考核指標,企業一味獎勵銷售人員「找路子」促銷產品,而對貨款能否及時收回無所顧忌,一時間應收帳款一路攀升,甚至出現個別銷售人員在未與客戶訂立合約的情況下,「主動」送貨上門,加大了壞帳風險,同時大量資金被客戶白白佔用。

3.企業沒有明確規定應收帳款管理的責任部門,沒有建立起相應的管理辦法,缺少必要的合約、發運憑證等原始憑證的檔案管理制度,導致對應收帳款損失或長期難以收回的無法追究責任。

公司財務每年年度過帳時抄陳帳、抄死帳,尤其是當銷售人員調離公司後,其經手的應收帳款更是無人問津或相互推諉,即使指派專人去要帳,也經常因為缺失重要的原始憑證,導致要帳無據而無功而返。由於上述原因企業對造成發生壞帳損失以及資金長期難以回籠的責任人無法追究其責任。

4.對應收帳款的會計監督相當薄弱。企業沒有明確規定財務部門對應收帳款的結算負有監督檢查的責任、沒有制定應收帳款結算監督的管理辦法,財務部門與銷售部門基本上是各自為政,「老死不相往來」,造成對客戶的信息資料失真或失靈。

此外,財務部門未定期與往來客戶透過函證等方式核對帳目,無法及時發現出現的異常情況,尤其是無法防止或發現貨款被銷售人員侵佔或挪用的風險。

(二)完善企業應收帳款內部控制制度的建議

企業應貫徹不相容職務相互分離的原則,建立健全崗位責任制,在此基礎上,對應收帳款管理抓好以下幾個環節:

1.加強對賒銷業務的管理,制定企業切實可行的銷售政策和信用

制度管理政策，對符合賒銷條件的客戶，方可按照內控管理制度規定的程序辦理賒銷業務。

2.加強對銷售隊伍的管理，包括建立對銷售與收款業務的授權批准制度、銷售與收款的責任連接與考核獎懲制度、銷售人員定期輪崗及經手客戶債務交接制度等。

3.加強對客戶信息的管理，企業應充分瞭解客戶的資信和財務狀況，對長期、大宗業務的客戶應建立包括信用額度使用情況在內的客戶資料，並實行動態管理、及時更新。

4.加強對應收帳款的財務監督管理，建立應收帳款帳齡分析制度和逾期督促催收制度，定期以函證方式核對往來款項，發現異常現象及時回饋給銷售部門並報告決策機構。

【案例四】 加油站站長挪用公款案

一、案例簡介

陸先生原是某石油公司加油站站長兼任管帳員。自 1997 年以來，他採取截留銷售款、帳內做假帳等方式，將單位公款用於賭博，使公司直接損失 70 餘萬元。他開始也只是玩點小的」，但逐步由小賭變成大賭、狂賭。1997 年他有過 1 個月內輸掉 21 萬元的記錄。

陸先生挪用公款的手段很簡單，一是直接挪用銷售款。陸先生自 1997 年擔任站長起，多次從加油站油款中直接拿取現金，兩年的時間裏挪用公款 50 多萬元去賭博，在兼任管帳員期間，又利用負責清理回收油站的外欠款機會，他又將收回的外欠款數 10 萬元輸在了賭桌上。二是做假帳。陸先生利用自己既是站長又是管帳員的便利，一

方面大力截留銷售款，另一方面又採取帳內做假帳的方式來掩蓋其舞弊行為。

二、案例分析

本案是一起單位內部控制混亂而導致的挪用公款案。

第一，是沒有將不相容的崗位分離。單位應當建立銷售與收款業務的崗位責任制，明確相關部門和崗位的職責、權限，確保辦理銷售與收款業務的不相容崗位相互分離、制約和監督。陸先生既「管事」又「管帳」為他挪用公款創造了便利條件。

第二，是業務人員缺乏應有的職業道德。單位應當配備合格的人員辦理銷售與收款業務。辦理銷售與收款業務的人員應當具備良好的業務素質和職業道德。本案中陸先生也是賭性成癮，1個月中就賭輸了21萬元，這種人當站長和會計能不出事才怪。

第三，是沒有加強對銷售收入款項的控制。單位應將銷售收入及時入帳，不得帳外設帳，不得擅自坐支現金。銷售人員應當避免接觸現款。而本案的陸先生多次從加油站油款中直接拿取現金直接用於賭博，後來又將收回的外欠款輸在賭桌上，都嚴重違反了內控制度。

第四，是缺乏嚴格的監督檢查制度。單位應當建立對銷售與收款內部控制的檢查制度，明確監督檢查機構或人員的職責權限，定期或不定期地進行檢查。單位監督檢查機構或人員應定期通過實施符合性測試和實質性測試檢查銷售與收款業務內部控制制度是否健全，各項規定是否得到有效執行，特別是帳實是否相符，即銷售款與油的賣出量是否相符，在本案中，在陸先生任站長期間，儘管公司也每年都對他的經營情況進行審計，但都是走形式，走過場，只是簡單地核對帳目，什麼問題也沒發現。

D公司要建立健全的內部會計控制制度，關鍵要抓好以下幾項工

作：

第一，是要用好人。用好人是根本，再好的內控制度也是由人來執行的，現在許多單位出現問題，不是沒有制度，而是用人上出問題。因此加強內部會計控制首先是在關鍵崗位上配備的人員必須具備良好的職業道德和業務素質，忠於職守、守法奉公、遵紀守法、客觀公正。

第二，是形成制衡機制。形成制衡的關鍵，主要是完善制衡制度。要按照內部控制的要求嚴格將不相容的職務和崗位分離，形成職務和崗位之間的牽制和制衡，減少發生舞弊行為的可能性，壓縮違法犯罪行為的空間。現在之所以很多單位發生舞弊行為和嚴重違法犯罪行為，很大程度上是沒有將不相容的職務和崗位分離，沒有形成科學有效的制衡機制。

第三，是執行程序。執行程序是條件，執行程序就是在不相容職務和崗位分離的基礎上，要明確各業務環節的職責權限，並保證各項業務按業務流程循環。

第四，是加強監督。加強監督是保障。現在很多單位出事都是因為缺乏有效的監督檢查。一方面是長期的缺乏監督檢查，另一方面是監督檢查是走過場，做做樣子。因此，要防止舞弊行為就必須要加強監督檢查。一是要監督檢查制度化，對單位的財務狀況要定期和不定期地進行檢查；二是監督檢查要「真刀真槍」，對監督檢查過程中發現的內部控制中的薄弱環節，應當及時採取措施，加以糾正和完善。

【案例五】　銷售公司重要事項承諾制

　　ABC 銷售公司是 ABC 集團控股的銷售企業,主要經銷關聯方所生產的產品,是一家典型的跨區分銷企業,下屬 100 多家銷售分支機構. 由於銷售分支機構大部份設在異地,監管難度較大,分支機構虛增銷售業績和報表作假的現象屢禁不止,銷售總部非常頭疼。

　　為了改變這種情況,2005 年該公司總經理決定進一步加強內部控制建設,他將「誠信管理、誠信經營」確定為公司的核心管理和文化理念,並決定以「誠信管理」為突破口來加強控制環境建設。為此,除了大力宣傳「誠信管理、誠信經營」外,他還引入了重要事項承諾制,作為貫徹誠信文化、改變控制環境的重要制度保障,取得了很好的效果。

　　該銷售公司將重要事項的範圍確定為屬於重要的經營和管理環節,有明確、具體的管理要求,能夠追溯至相應責任人,但是日常管理難度相對較大,需要進行專項管理的經營和管理事項。制度規定,重要事項的具體內容由銷售公司總部根據公司經營和管理的現實需要加以確定,並根據情況的變化予以必要的調整。

　　重要事項承諾制管理的基本內容為:　對具體重要事項明確管理要求和責任人。　重要事項責任人簽署責任承諾書,責任承諾書由三要素組成:　責任人承諾已知曉和理解公司的管理要求;　承諾已經達到(或者承諾在承諾期限內達到)公司的管理要求;　承諾如果失信,自願承擔相應責任,接受公司所規定的處罰,並願意以年終獎金、績效分配獎金、股票、期權、股利等個人收入作為賠償擔保。　公司加強對重要事項承諾履行程度的監控和檢查,建立投訴制度,把重要

事項的失信行為作為重大事項實施嚴格管理,一經查實即按照公司的規定實施相應的處罰。

重要事項承諾制管理的基本原則為: 嚴格管理。明確失信懲罰規定,失信行為一經查實,即按規定實施懲罰。 逐級承諾。機構或部門的負責人針對其管理職責範圍之內的重要事項作為總責任人向其上級管理者出具書面承諾書,承諾承擔管理責任;各重要事項的直接當事人作為直接責任人向機構或部門的負責人出具書面承諾書,承諾承擔直接責任。 責任追溯。對於各承諾責任人在崗期間違反承諾所產生的風險及損失,公司保留對其追究法律責任的權利。

在重要事項承諾制下,對作為基層銷售分支機構的經營部實施承諾制管理的重要事項的具體內容及其管理要求和責任人如表所示。

項目內容	管理要求	總責任人	直接責任人	監督責任人
經營部對經銷商的折扣折讓及其他費用的及時結算和支付。	在半年末、全年末時將前期的費用全部與財務結算完畢,截至前一個月的費用已全部支付完畢。	經營部經理	經營部業務主管	經營部財務主管
經營部推廣費和廣告費的及時結算和支付。	在半年末、全年末時將前期的費用全部與財務結算完畢,截至前一個月的費用已全部支付完畢。	經營部經理	經營部市場主管	經營部財務主管

經營部售後服務費的及時入帳和支付，應收備件收入、過保收入及時交財務入帳。	在半年末、全年末時將前期的費用全部與財務結算完畢，截至前一個月的費用已全部支付完畢，應收備件收入、過保收入及相關資料及時交財務入帳。	經營部經理	經營部售後主管	經營部財務主管
經營部按制度要求將費用及時進行帳務處理，無費用掛帳現象，並足額提取壞帳準備、存貨跌價準備。	對當月費用已全部按照制度規定及時入帳，杜絕費用掛帳。 季末足額提取壞帳準備和存貨跌價準備。	經營部經理	經營部財務主管	分公司財務經理
經營部利潤的真實性。	督促各職能部門按總部規定進行管理。	經營部經理	經營部經理	分公司財務經理

第 八 章

企業的應收帳款管理辦法

1 家用電器銷售有限公司客戶信用管理制度

第一章　總則

第一條　為規範和引導銷售網路的經營行為,有效地控制商品銷售過程中的信用風險,減少銷售網路的呆壞帳,特制定本制度。

第二條　本制度所稱信用風險是指 HK 家用電器銷售有限公司銷售網路用戶端到期不付貨款或者到期沒有能力付款的風險。

第三條　本制度所稱客戶信用管理是指對 HK 家用電器銷售有限公司銷售網路用戶端所實施的旨在防範其信用風險的管理。

第四條　本制度所稱客戶是指所有與分公司、經營部發生商品購銷業務往來的客戶。

第五條　網路各單位應根據本制度的規定制定實施細則,對客戶

實施有效的信用管理，加大貨款回收力度，有效防範信用風險，減少呆壞帳。

第二章 客戶資信調查

第六條 本制度所稱客戶資信調查是指分公司、經營部對銷售客戶的資質和信用狀況所進行的調查。

第七條 客戶資信調查要點主要包括：

1. 客戶基本信息；

2. 主要股東及法定代表人或主要負責人；

3. 主要往來結算銀行帳戶；

4. 企業基本經營狀況；

5. 企業財務狀況；

6. HK 家用電器銷售有限公司與該客戶的業務往來情況；

7. 該客戶的業務信用記錄；

8. 其他需調查的事項。

第八條 客戶資信資料可以從以下管道取得：

1. 向客戶尋求配合，索取有關資料；

2. 對客戶的接觸和觀察；

3. 向工商、稅務、銀行、仲介機構等單位查詢；

4. 經營部所有客戶檔案和與客戶往來交易的資料；

5. 委託仲介機構調查；

6. 其他。

第九條 經營部各片區業務主管負責進行客戶資信調查，保證所收集客戶資信資料的真實性，認真填寫《客戶信用調查評定表》，上報財務主管和經理審核，填表人應對《客戶信用調查評定表》內容的真實性負全部責任。

　　第十條　經營部財務主管負責對報送來的客戶資信資料和《客戶信用調查評定表》進行審核，重點審核以下內容：

　　1.資信資料之間有無相互矛盾之處；

　　2.HK 家用電器銷售有限公司與該客戶的業務往來情況；

　　3.該客戶的業務信用記錄；

　　4.其他需重點關注的事項。

　　第十一條　客戶資信資料和《客戶信用調查評定表》每季要全面更新一次，其間如果發生變化，應及時對相關資料進行補充、修改。

第三章　客戶信用等級評定

　　第十二條　所有交易客戶均需進行信用等級評定。

　　第十三條　客戶信用等級分 A、B、C 三級，相應代表客戶信用程度的高、中、低三等。

　　第十四條　評為信用 A 級的客戶應同時符合以下條件：

　　1.雙方業務合作一年或以上；

　　2.過去兩年內與我方合作沒有發生不良欠款和其他嚴重違約行為；

　　3.守法經營、嚴格履約、信守承諾；

　　4.最近連續兩年經營狀況良好；

　　5.資金實力雄厚、償債能力強；

　　6.年度回款達到分公司制定的標準。

　　第十五條　出現以下任何情況的客戶，應評為信用 C 級：

　　1.過去兩年內與我方合作曾發生過不良欠款或其他嚴重違約行為；

　　2.經常不兌現承諾：

　　3.出現不良債務糾紛或嚴重的轉移資產行為；

4.資金實力不足，償債能力較差；

5.經營狀況不良，嚴重虧損，或營業額持續多月下滑；

6.最近銷售我方產品出現嚴重連續下滑現象或有不公正行為：

7.發現有嚴重違法經營現象；

8.出現責令停業、整改情況；

9.有被查封、凍結銀行帳號危險。

第十六條　不符信用 A、C 級評定條件的客戶定為信用 B 級。

第十七條　原則上新開發或關鍵資料不全的客戶不應列入信用 A 級。

第十八條　經營部經理以《客戶信用調查評定表》等客戶資信資料為基礎，會同經辦業務人員、經營部財務主管一起初步評定客戶的信用等級，並填寫《客戶信用等級分類匯總表》，報分公司總經理審批。

第十九條　在客戶信用等級評定時，應重點審查以下項目：

1.客戶資信資料的真實性；

2.客戶最近的資產負債和經營狀況；

3.與我方合作的往來交易及回款情況。

第四章　客戶授信原則

第二十條　本制度所稱授信是指經營部對其區域內的客戶所規定的信用額度和回款期限。

第二十一條　本制度所稱信用額度是指對客戶進行賒銷的最高額度，即客戶佔用我方資金的最高額度。

第二十二條　本制度所稱回款期限是指給予客戶的信用持續期間，即自發貨至客戶結算回款的期間。

第二十三條　授信時應遵循以下原則：

1. 應堅持現款現貨的銷售原則，原則上不進行賒銷業務。

2. 在確實需要授信時，應實施以下控制措施：

⑴分公司對所屬經營部實施授信總額控制，原則上經營部授信總額不能超過 20××年××月××日應收帳款的餘額數；

⑵經營部應根據客戶的信用等級實施區別授信，確定不同的信用額度；

⑶在銷售合約中註明客戶的信用額度或客戶佔用我方資金的最高額度，但在執行過程中，應根據客戶信用變化的情況及時調整信用額度。

第二十四條　授信中有關賒銷概念的界定：

1. 賒銷：指客戶未支付貨款，貨物已經由我方向客戶發生轉移的銷售業務活動，包括鋪貨、代銷等；

2. 長期賒銷：指在簽署的銷售合約中，允許客戶按照一定的信用額度和回款期限進行賒銷的業務活動；

3. 臨時賒銷：指在簽署的銷售合約中，不允許客戶進行賒銷，但在實際銷售業務中，由於特殊情況，經過審批，按照相對較小的信用額度和較短的回款期限，個別進行賒銷的業務活動。

第二十五條　對於 A 級客戶，可以給予一定授信，但須遵循以下原則：

1. 對於原來沒有賒銷行為的客戶，不應授信。實際的經營過程中，在非常必要的特殊情況下，由經營部經理批准後可以給予臨時賒銷，原則上賒銷信用額度最高不超過該客戶的平均月回款額，回款期限為 1 個月以內。

2. 對於原來已有賒銷行為的客戶，由經營部經理批准後，可以根據其銷售能力和回款情況給予長期賒銷信用，原則上賒銷信用額度最

高不超過該客戶的平均月回款額。如果原有賒銷額低於本條款標準，信用額度按從低標準執行，並應逐步減少，回款期限為 1 個月以內。

　　第二十六條　對於 B 級客戶，原則上不予授信；確有必要，必須嚴格辦理完備的不動產抵押等法律手續後，由經營部經理上報分公司總經理審批，經批准後才可執行長期賒銷或臨時賒銷，其賒銷信用額度必須不超過該客戶的平均月回款額，同時不超過抵押資產額度。如果原有賒銷額低於本條款標準，信用額度按從低標準執行，並應逐步減少。其長期賒銷回款期限為 1 個月，臨時賒銷回款期限為 15 天。

　　第二十七條　對於評為信用 C 級的客戶，分公司和經營部均不得授信和給予任何賒銷。

　　第二十八條　依據《客戶信用調查評定表》及經營部目前交易客戶的賒銷情況，經營部還應將賒銷（或代銷）客戶（包括授信客戶和雖不是授信客戶但已發生賒銷、代銷行為的客戶）進行匯總，並填寫《賒銷、代銷客戶匯總表》，報分公司總經理批准。

　　第二十九條　客戶授信額度由分公司總經理審批後，把《客戶信用調查評定表》、《客戶信用等級分類匯總表》、《賒銷、代銷客戶匯總表》和銷售合約、相關資料原件交給經營部財務部門保管，作為日常發貨收款的監控依據。

第五章　客戶授信執行、監督及應收帳款管理

　　第三十條　經營部應嚴格執行客戶信用管理制度，按照分公司授權批准的授信範圍和額度區分 A、B、C 級客戶進行鋪底賒貨，加大貨款清收的力度，確保公司資產的安全。

　　第三十一條　經營部財務部門具體承擔對經營部授信執行情況的日常監督職責，應加強對業務單據的審核，對超出信用額度的發貨，必須在得到上級相關部門的正式批准文書之後，方可辦理。發生

超越授權和重大風險情況,應及時上報,特殊情況可依據《授權明細表》進行。

第三十二條　對於原賒銷欠款或代銷鋪底金額大於所給予信用額度的客戶。應採取一定的措施,在較短的期間內壓縮至信用額度之內。

第三十三條　對於原來已有賒銷欠款或代銷鋪底的不享有信用額度的客戶.應加大貨款清收力度,確保欠款額或鋪底額只能減少不能增加,同時採取一定的資產保全措施,如擔保、不動產抵押等。

第三十四條　對於賒銷、代銷客戶必須定期對帳、清帳,上次欠款未結清前,原則上不再進行新的賒銷和代銷。

第三十五條　合約期內客戶的賒銷或代銷欠款要回收清零一次。合約到期前一個月內,經營部應與客戶確定下一個年度的合作方式,並對客戶欠款全部進行清收。

第三十六條　經營部應建立欠款回收責任制,將貨款回收情況與責任人員的利益相掛　,加大貨款清收的力度。

第三十七條　分公司財務部每月必須稽核經營部的授信及執行情況。

第六章　客戶授信檢查與調整

第三十八條　經營部必須建立授信客戶的月、季檢查審核制度,對客戶授信實施動態管理,根據客戶信用情況的變化及時調整授信,確保授信安全,發現問題立即採取適當的解決措施。

第三十九條　業務員每月要對享有信用額度客戶的經營狀況作出書面彙報,包括商場總體銷售情況、HK 家用電器銷售有限公司產品在該商場的銷售情況、任務完成情況等方面的內容,並對彙報的真實性負全部責任。

第四十條 經營部財務部門負責提供相應的財務數據及往來情況資料，每月填寫《客戶授信額度執行評價表》後交經營部經理審核，財務主管對財務數據的真實性負責。

第四十一條 經營部經理審核業務員和財務部門的書面彙報後，簽署書面評價意見，必要時可對客戶的信用額度進行調整，報分公司總經理批准後作為經營部財務部門下一步的監控依據。

第四十二條 原則上調整後的信用額度應低於原信用額度。

第七章 罰則

第四十三條 HK 家用電器銷售有限公司和各分公司在其權限範圍之內，對被授權人超越授信範圍從事業務經營的行為，須令其限期糾正和補救，並視越權行為的性質和造成的損失對其主要負責人和直接責任人予以下列處分：警告；通報批評；調整或取消授信；追究行政責任；追究法律責任。

2 應收帳款的帳齡管理制度

第一條 為了規範公司應收帳款管理，防範應收帳款壞帳損失，加快資金週轉，根據相關法律法規和政策，結合公司實際，特制定本制度。

第二條 本制度所稱應收帳款，是指公司銷售商品而應向客戶收取的貨款，以及代客戶墊付的包裝費、運雜費等。

第三條 公司應收帳款管理分別由銷售部、財務部各司其職，分別承擔不同的職責：

1. 銷售部負責應收帳款的對帳、客戶聯繫溝通和款項催收工作。

2. 財務部負責應收帳款帳務處理、帳齡分析以及監督款項回收工作。

第四條 公司銷售商品應同時滿足下列條件時，可確認銷售收入：

1. 公司已將商品所有權上的主要風險和報酬全部轉移給購買方。

2. 公司既沒有保留通常與所有權相聯繫的繼續管理權，也沒有對已售出商品實施控制。

3. 收入的金額能夠可靠地計量。

4. 相關的經濟利益很可能流入公司。

5. 相關的已發生或將發生成本能夠可靠地計量。

第五條 公司銷售業務滿足上述條件並確認收入時，採用的是賒銷方式的，應同時確認應收帳款。

第六條 應收帳款的入帳價值應以實際發生額為依據，但計價時還應考慮商業折扣、現金折扣等因素：

1. 發生的應收帳款，沒有商業折扣的，按應收的全部金額入帳。

2. 存在商業折扣的，應按扣除商業折扣後的淨額確認銷售收入和應收帳款。

3. 存在現金折扣的，應於應收帳款收回時將發生的現金折扣作為財務費用處理。

第七條 財務部應對公司的應收帳款按照客戶的名稱設置明細科目，進行明細核算。應收帳款涉及外幣的，還應再分幣別設立明細帳。

第八條 財務部定期編制應收帳款對帳單，與銷售人員的銷售台帳核對，核對無誤的，由銷售人員向客戶寄送對帳單，並取得客戶的

回覆確認，核對有誤的，應查明原因，及時修正處理。

第九條　財務部定期編制應收帳款帳齡分析表，分析應收帳款的帳齡，以便瞭解應收帳款的可回收性。

第十條　應收帳款帳齡分析見下表。

應收帳款帳齡分析表

客戶名稱	期末餘額	帳齡					
		90 天以內	90～180 天	180 天～1 年	1～2 年	2～3 年	3 年以上
合計							

第十一條　財務部定期將應收帳款帳齡分析資料提供給銷售部，由銷售部負責收回逾期帳款。

第十二條　應收帳款逾期 XX 天以內的，可由銷售人員向客戶發送催款函，督促客戶盡快付款，並取得客戶承諾付款的書面依據。

第十三條　應收帳款逾期 XX 天以上的，應酌情考慮以下催收方式：

1. 銷售人員直接上門催收，瞭解客戶的實際情況，以便作出相應對策。

2. 由銷售人員協調，公司內部專職機構出面，集中多人智慧與客戶接觸和談判。

3. 委託收帳公司代理追討，以避免耗費無法預測的追討成本。

4. 採取法律途徑向客戶提起訴訟。

第十四條　應收帳款在催收過程中，應盡可能要求客戶提供擔保、抵押、書面還款保證等，以保全公司權益。

　　第十五條　有確切證據表明應收帳款無法收回的，銷售部應提報壞帳處理意見申請單，經財務部審核，報銷售副總、總經理審批後，由財務部作壞帳轉銷。

　　第十六條　財務部設置壞帳備查登記簿，對計提的壞帳準備以及經批准核銷的壞帳損失等資訊進行記錄。已核銷的壞帳又收回時，應當及時入帳。

　　第十七條　本制度由財務部制定、修訂。

　　第十八條　本制度自公佈之日起實施。

3 銷售回款獎懲辦法

　　第一條　為了規範公司銷售回款管理工作，確保銷售款項能及時收回，降低出現呆帳、壞帳風險，加快資金回籠速度，特制定本辦法。

　　第二條　本辦法旨在激發銷售人員回款工作的積極性，將銷售人員薪資收入與貨款回收全面掛　，促進銷售貨款的及時回收。

　　第三條　本制度適用於公司全體銷售人員及相關工作人員。

　　第四條　相關定義

　1.問題帳款

這是指銷售產生的應收貨款，超過約定回款期 XX 天尚未收回的貨款。

　2.準呆帳

這是指應收帳款超過約定回款期 XX 天尚未收回的貨款。

3.呆帳

這是指應收帳款逾期 XX 年，客戶已宣告破產或出現其他無力償還情況，長期處於呆滯狀態，很有可能成為壞帳的貨款。

第五條　銷售部經理應及時督促銷售人員做好銷售貨款的催收工作，必要時，指導、協助銷售人員進行催收，確保及時、足額收回銷售貨款。

第六條　年度終了，銷售回款率達 XX%的，給予銷售部經理一次性 XX 萬元的現金獎勵，隨當年年終獎一起發放。銷售回款率在 XX%以下的，則扣除 XX%的年終獎。

第七條　銷售人員的銷售回款獎懲明細表見下表所示。

銷售獎懲明細表

序號	類　別	獎　懲　規　定
1	回款期內貨款全部收回	除銷售提成外，按照回款金額的 XX%獎勵銷售人員，隨當月薪資一同發放
2	發生問題帳款	自確認問題帳款之日起，至問題帳款全部收回，每月按欠款金額的 XX%從其銷售提成中扣除，銷售人員負責繼續催收
3	發生準呆帳	自確認準呆帳之日起，至準呆帳全部收回，每月按欠款金額的 XX%從其銷售提成中扣除，銷售部經理負責制定專項催收方案，繼續催收
4	發生呆帳	自確認呆帳之後，按欠款金額的 XX%一次性扣款
5	呆帳後期收回	扣款將在貨款全部回收的當月予以補發

第八條　銷售人員當月銷售提成不夠扣除的，順延至下月扣除，直至達到扣除標準為止。

　　第九條　年度終了，銷售人員仍有未收回的問題帳款、準呆帳或呆帳的，不享受當年年終獎。

　　第十條　公司年度調薪時，銷售人員有未收回的問題帳款、準呆帳或呆帳的，不得提升薪資級別。

　　第十一條　銷售人員貨款回收業務納入公司考核體系，並作為職務變動，崗位調動、薪資調整的依據。

　　第十二條　財務部負責應收帳款的會計核算及帳務處理工作，對應收帳款的順利回收負有監督、協助之責。銷售回款率達 XX%的，給予應收帳款主管 XX%的獎勵。因應收帳款帳務管理出錯導致銷售貨款不能及時回收的，予以 XX%的處罰。

　　第十三條　公司法律顧問通過法律途徑追回欠款的，給予追回欠款 XX%的獎勵。

　　第十四條　本辦法由銷售部、財務部制定，經總經理審批通過後實施。

　　第十五條　本辦法自公佈之日起生效。

4 會計員帳款回收考核辦法

　　第一條　為激勵各分公司會計人員，努力協助業務代表催收帳款，以加速帳款回收，並藉以評核其帳款作業績效，特制定本辦法。

　　第二條　分公司會計人員應依應收帳款管理辦法的規定，切實執行帳款作業，使該分公司每月的應收帳款比率保持在 200%以下，且無逾期帳款的記錄。並應逐日或每週提供分公司主管有關各業務代表

未收款情況的資料，以確保各筆帳款的安全。

第三條　凡各分公司達成月份業績目標，而其當月底的應收帳款比率（月底應收帳款餘額／當月份的銷貨淨額）在 200%以下者，該分公司會計員應予獎勵如下：

⑴月底應收帳款比率 125%以下者，獎金 500 元。

⑵月底應收帳款比率 150%以下者，獎金 300 元。

⑶月底應收帳款比率 175%以下者，獎金 200 元。

第四條　分公司會計員因努力協助催收應收帳款，而使該單位應收帳款比率連續 3 個月維持 200%以下者，一律另予嘉獎一次。反之，若因帳款控制不佳，致帳款比率連續 2 個月超過 250%以上者，則應予申誡一次的連帶處分。

第五條　凡合乎前兩條規定的分公司，當月底或第三個月底的逾期帳在 5 筆以上，或其逾期帳款總額在人民幣 50000 元以上者，該分公司會計人員不予獎勵。但逾期帳事先以書面呈報副總經理以上主管核准者，應不列入計算。

第六條　凡收回的票據，票期逾應收票據管理辦法的票面金額視為未收款。

5 問題帳款管理辦法

第一條 為妥善處理「問題帳款」,爭取時效,維護本公司與營業人員的權益,特制定本辦法。

第二條 本辦法所稱的「問題帳款」,系指本公司營業人員於銷貨過程中所發生被騙、被倒帳、收回票據無法如期兌現或部分貨款未能如期收回等情況的案件。

第三條 因銷貨而發生的應收帳款,自發票開立之日起,逾 2 個月尚未收回,亦未按公司規定辦理銷貨退回者,視同「問題帳款」。但情況特殊經呈報總經理特准者,不在此限。

第四條 「問題帳款」發生後,該單位應於 2 日內,據實填妥「問題帳款報告書」,並檢附有關證據、資料等,依序呈請單位主管查證並簽註意見後,轉請法務室協助處理。

第五條 前條報告書上的基本資料欄,由單位會計員填寫,經過情況、處理意見及附件明細等欄,由營業人員填寫。

第六條 法務室應於收到報告書後 2 日內,與經辦人及單位主管協商,瞭解情況後擬訂處理辦法,呈請總經理批示,並即協助經辦人處理。

第七條 經指示後的報告書,法務室應複印一份通知財務部備案,如為尚未開立發票的「問題帳款」,則應另複印一份通知財務部備案。

第八條 經辦人填寫報告書,應注意:

(1)務必親自據實填寫,不得遺漏。

(2)發生原因欄如勾填「其他」時，應在括弧內簡略註明原因。

(3)經過情況欄應從與客戶接洽時，依時間的先後，逐一載明至填報日期止的所有經過情況。本欄空白若不敷填寫，可另加粘白紙填寫。

第九條　處理意見欄乃供經辦人自己擬具賠償意見之用，如有需公司協助者，亦請在本欄內填明。

第十條　報告書未依前條規定填寫者，法務室得退回經辦人，請其於收到原報告書 2 天內重新填寫提出。

第十一條　「問題帳款」發生後，經辦人未依規定期限提出報告書，請求協助處理者，法務室不予受理。逾 15 天仍未提出者，該「問題帳款」應由經辦人負全額賠償責任。

第十二條　會計員未主動填寫報告書的基本資料，或單位主管疏於督促經辦人於規定期限內填妥並提出報告書，致經辦人應負全額賠償責任時，該單位主管或會計員應連帶受行政處分。

第十三條　「問題帳款」處理期間，經辦人及其單位主管應與法務室充分合作，必要時，法務室得借閱有關單位的帳冊、資料，並得請求有關單位主管或人員配合查證，該單位主管或人員不得拒絕或藉故推拖。

第十四條　法務室協助營業單位處理的「問題帳款」，自該「問題帳款」發生之日起 40 天內，尚未能處理完畢，除情況特殊經報請總經理核准延期賠償者外，財務部應依第 14 項的規定，簽擬經辦人應賠償的金額及償付方式，呈請總經理核定。

第十五條　各員銷售時，應負責收回全部貨款，遇倒帳或收回票據未能如期兌現時，經辦人應負責賠償售價或損失的 50%（所售對象為私人時，經辦人員應負賠償售價或損失的 100%）。但收回的票據，若非統一發票抬頭客戶正式背書，因而未能如期兌現或交貨尚未收回

貨款，而不按公司規定作業，手續不全者，其經辦人應負責賠償售價或損失的 80%。產品遺失時，經辦人應負責賠償底價的 100%（以上所稱的售價如高於底價時，以底價計算）。上述賠償應於發生後即行簽報，若經辦人於事後追回產品或貨款時，應悉數繳回公司，再由公司就其原先賠償的金額依比例發還。

第十六條　本辦法各條文中所稱「問題帳款發生之日」，如為票據未能兌現，系指第一次收回票據的到期日，如為被騙，則為被騙的當日，此外的原因，則為該筆交易發票開立之日起算第 60 天。

第十七條　經核定由經辦人先行賠償的「問題帳款」，法務室仍應尋求一切可能的途徑繼續處理。若事後追回產品或貨款時，應通知財務部於追回之日起 4 天內，依比率一次退還原經辦人。

第十八條　法務室對「問題帳款」的受理，以報告書的收受為依據。如情況緊急時，得由經辦人先以口頭提請法務室處理，但經辦人應於次日補具報告書。

第十九條　經辦人未據實填寫報告書，以致妨礙「問題帳款」的處理者，除應負全額賠償責任外，法務室得視情節輕重簽請懲處。

第二十條　本辦法經總經理核准後公佈實施，修正時亦同。

問題帳款報告書的格式見表 3-6 所示。

表 3-6　問題帳款報告書

年　　月　　日

基本資料欄	客戶名稱		
	公司地址		電話
	工廠地址		電話
	負責人		洽辦人
	開始往來日期		交易項目
	平均每月交易額		授信額度
	問題帳金額		
經過情況	發生原因：□客戶倒閉　　□拖延付款　　□質量不良　　　　　　□數量不符　　□客戶要求延後付款　　　　　　□其他（　　　　　）		
	經過情況		
處理意見			
附件明細			

圖 3-4　逾期帳款管理流程圖

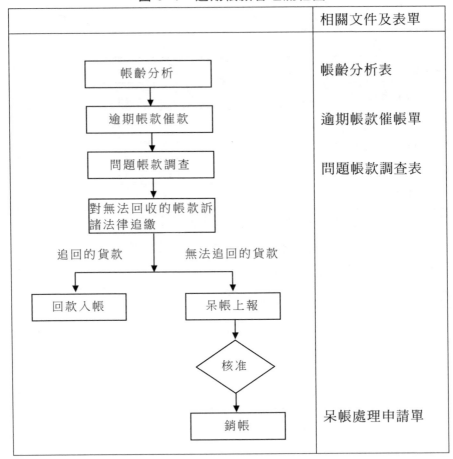

6 呆帳管理辦法

　　第一條　本公司為處理呆帳，確保公司在法律上的各項權益，特制定本辦法。

　　第二條　各分公司應對所有客戶建立「客戶信用卡」，並由業務代表依照過去半年內的銷售實績及信用的判斷，擬定其信用限額(若有設立抵押的客戶，以其抵押標的擔保值為信用限額)，經主管核准後，應轉交會計人員善加保管，並填記於該客戶的應收帳款明細帳中。

　　第三條　信用限額系指公司可賒銷給某客戶的最高限額，即指客戶的未到期票據及應收帳款總和的最高極限。任何客戶的未到期票款，不得超過信用限額，否則應由業務代表及業務主管、會計人員負責，並負所發生倒帳的賠償責任。

　　第四條　為適應市場，並配合客戶的營業消長，每年分兩次，可由業務代表呈請調整客戶的信用限額，第一次為 6 月 30 日，第二次為 12 月 31 日，核定方式如第 2 點。

　　分公司主管視客戶的臨時變化，應要求業務代表隨時調整各客戶的信用限額，但若因主管要求業務代表提高某客戶信用限額所遭致的倒帳，其較原來核定為高的部分全數由主管負責賠償。

　　第五條　業務代表所收受支票的發票人非客戶本人時，應交客戶以蓋章及簽名背書，經分公司主管核閱後繳交出納，若因疏忽所遭致的損失，則應由業務代表及分公司主管各負二分之一的賠償責任。

　　第六條　各種票據應按記載日期提示，不得因客戶的要求不提示或遲延提示，但經分公司主管核准者不在此限。催討換延票時，原票

盡可能留待新票兌現後再返還票主。

第七條　業務代表不得以其本人的支票或代換其他支票充繳貨款，如經發現，除應負該支票兌現的責任外，以侵佔貨款為由依法追究其責任。

第八條　分公司收到退票資料後，倘退票支票有背書人時，應即填寫支票退票通知單，一聯送背書人，一聯存查，並進行催討工作，若因違誤所造成的損失，概由分公司主管及業務代表共同負責。

第九條　各分公司對催收票款的處理，在 1 個月內經催告仍無法達到催收目的，其金額在 2 萬元以上者，應即將該案移送法務室依法追訴。

第十條　催收或訴訟案件中，有部分或全部票款未能收回者，應取具警察機關證明、郵局存證信函及債權憑證、法院和解筆錄、申請調解的裁決憑證、破產宣告裁定等，其中的任何一種證件，送財務部做沖帳準備。

第十一條　沒有核定信用限額或超過信用限額的銷售而遭致倒帳，其無信用限額的交易金額，由業務代表負全數賠償責任。而超過信用限額部分，若經會計或主管阻止者，全數由業務代表負責賠償，若會計或主管未加阻止者，則業務代表賠償 80%，會計及主管各賠償 10%。

若超過信用限額達 20%以上的倒帳，除由業務代表負責賠償外，分公司主管則視情節輕重予以懲處。

第十二條　業務代表應防止而未防止或有勾結行為者，以及沒有合法營業場所或虛設行號的客戶，不論信用限額如何，全數由業務代表負賠償責任。送貨簽單因歸罪於業務代表的疏忽而遺失，以致貨款無法回收者亦同。

第十三條　設立未滿半年的客戶，其信用限額不得超過人民幣 2 萬元，如違反規定而發生呆帳，由業務代表負責賠償全額。

第十四條　各分公司業務主管，業務代表於其所負責的銷售區域內，容許呆帳率（即實際發生呆帳金額除以全年銷售淨額的比率）設定為全年的 5%。

第十五條　各分公司業務主管，業務代表其每年發生的呆帳率超過容許呆帳率的懲處如下：

(1)超過 5‰，未滿 6‰者，警告一次，減發年終獎金 10%。

(2)超過 6‰，未滿 8‰，申誡一次，減發年終獎金 20%。

(3)超過 8‰，未滿 10‰，小過一次，減發年終獎金 30%。

(4)超過 10‰，未滿 12‰，小過二次，減發年終獎金 40%。

(5)超過 12‰，未滿 15‰，大過一次，減發年終獎金 50%。

(6)超過 15‰以上，即行調職，不發年終獎金。

若中途離職，於其任期中的呆帳率達到上列的某項程度時，減發獎金的比例，以離職金計算。

第十六條　各分公司業務主管，業務代表其每年發生的呆帳率低於 5 時的獎勵如下：

(1)低於 5‰（不包括 5‰），高於 4‰（包括 4‰），嘉獎一次，加發年終獎金 10%。

(2)低於 4‰，高於 3‰，嘉獎二次，加發年終獎金 20%。

(3)低於 3‰，高於 2‰，小功一次，加發年終獎金 30%。

(4)低於 2‰，高於 1‰，小功二次，加發年終獎金 40%。

(5)低於 1‰，大功一次，加發年終獎金 50%。

若中途離職，不予計算獎金。

第十七條　各分公司業務主管，業務代表以外人員的獎勵，以該

分公司每年所發生的呆帳率，低於容許呆帳率時實行。內容如下：

(1)低於 5‰（不包括 5‰），高於 4‰（包括 4‰），每人加發年終獎金 5%。

(2)低於 4‰，高於 3‰，每人加發年終獎金 10%。

(3)低於 3‰，高於 2‰，每人加發年終獎金 15%。

(4)低於 2‰，高於 1‰，每人加發年終獎金 20%。

(5)低於 1‰，每人加發年終獎金 25%。

第十八條 分公司因倒帳催討回收的票款，可作為其發生呆帳金額的減項。

第十九條 法務室接辦的呆帳，依法催討收回的票款減除訴訟過程的一切費用的餘額，其承辦人員可獲得如下的獎金：

(1)在受理後 6 個月內催討收回者，得 20%的獎金。

(2)在受理後 1 年內催討收回者，得 10%的獎金。

第二十條 已提列壞帳損失或已從呆帳準備沖轉的呆帳，業務人員及稽核人員仍應視其必要性繼續催收，其收回的票款，由催收回者獲得 30%獎金。

本辦法的呆帳賠償款項，均在該負責人員的薪資中，自確定月份開始，逐月扣賠，每月的扣賠金額，由其主管簽呈核准的金額為準。

臺灣的核心競爭力，就在這裏！

圖 書 出 版 目 錄

　　下列圖書是由臺灣的憲業企管顧問（集團）公司所出版，自 1993 年秉持專業立場，特別注重實務應用，50 餘位顧問師為企業界提供最專業的經營管理類圖書。

　　選購企管書，敬請認明品牌：**憲 業 企 管 公 司**。

1. 傳播書香社會，直接向本出版社購買，一律 9 折優惠，郵遞費用由本公司負擔。服務電話(02)27622241　(03)9310960　　傳真(03)9310961
2. 付款方式：請將書款轉帳到我公司下列的銀行帳戶。
 ・銀行名稱：合作金庫銀行（敦南分行）帳號：**5034-717-347447**
 　公司名稱：憲業企管顧問有限公司
 ・郵局劃撥號碼：**18410591**　郵局劃撥戶名：憲業企管顧問公司

3. 圖書出版資料，每週隨時更新，請見網站 www.bookstore99.com

經營顧問叢書

25	王永慶的經營管理	360 元	125	部門經營計劃工作	360 元
47	營業部門推銷技巧	390 元	129	邁克爾・波特的戰略智慧	360 元
52	堅持一定成功	360 元	130	如何制定企業經營戰略	360 元
56	對準目標	360 元	135	成敗關鍵的談判技巧	360 元
60	寶潔品牌操作手冊	360 元	137	生產部門、行銷部門績效考核手冊	360 元
72	傳銷致富	360 元	139	行銷機能診斷	360 元
78	財務經理手冊	360 元	140	企業如何節流	360 元
79	財務診斷技巧	360 元	141	責任	360 元
86	企劃管理制度化	360 元	142	企業接棒人	360 元
91	汽車販賣技巧大公開	360 元	144	企業的外包操作管理	360 元
97	企業收款管理	360 元	146	主管階層績效考核手冊	360 元
100	幹部決定執行力	360 元	147	六步打造績效考核體系	360 元
106	提升領導力培訓遊戲	360 元	148	六步打造培訓體系	360 元
122	熱愛工作	360 元			

275	主管如何激勵部屬	360 元	307	招聘作業規範手冊	420 元
276	輕鬆擁有幽默口才	360 元	308	喬·吉拉德銷售智慧	400 元
277	各部門年度計劃工作（增訂二版）	360 元	309	商品鋪貨規範工具書	400 元
278	面試主考官工作實務	360 元	310	企業併購案例精華（增訂二版）	420 元
279	總經理重點工作（增訂二版）	360 元	311	客戶抱怨手冊	400 元
282	如何提高市場佔有率（增訂二版）	360 元	312	如何撰寫職位說明書（增訂二版）	400 元
283	財務部流程規範化管理（增訂二版）	360 元	313	總務部門重點工作（增訂三版）	400 元
284	時間管理手冊	360 元	314	客戶拒絕就是銷售成功的開始	400 元
285	人事經理操作手冊（增訂二版）	360 元	315	如何選人、育人、用人、留人、辭人	400 元
286	贏得競爭優勢的模仿戰略	360 元	316	危機管理案例精華	400 元
287	電話推銷培訓教材（增訂三版）	360 元	317	節約的都是利潤	400 元
288	贏在細節管理（增訂二版）	360 元	318	企業盈利模式	400 元
289	企業識別系統 CIS（增訂二版）	360 元	319	應收帳款的管理與催收	420 元
290	部門主管手冊（增訂五版）	360 元	colspan《商店叢書》
291	財務查帳技巧（增訂二版）	360 元	18	店員推銷技巧	360 元
292	商業簡報技巧	360 元	30	特許連鎖業經營技巧	360 元
293	業務員疑難雜症與對策（增訂二版）	360 元	35	商店標準操作流程	360 元
294	內部控制規範手冊	360 元	36	商店導購口才專業培訓	360 元
295	哈佛領導力課程	360 元	37	速食店操作手冊〈增訂二版〉	360 元
296	如何診斷企業財務狀況	360 元	38	網路商店創業手冊〈增訂二版〉	360 元
297	營業部轄區管理規範工具書	360 元	40	商店診斷實務	360 元
298	售後服務手冊	360 元	41	店鋪商品管理手冊	360 元
299	業績倍增的銷售技巧	400 元	42	店員操作手冊（增訂三版）	360 元
300	行政部流程規範化管理（增訂二版）	400 元	43	如何撰寫連鎖業營運手冊〈增訂二版〉	360 元
301	如何撰寫商業計畫書	400 元	44	店長如何提升業績〈增訂二版〉	360 元
302	行銷部流程規範化管理（增訂二版）	400 元	45	向肯德基學習連鎖經營〈增訂二版〉	360 元
303	人力資源部流程規範化管理（增訂四版）	420 元	47	賣場如何經營會員制俱樂部	360 元
304	生產部流程規範化管理（增訂二版）	400 元	48	賣場銷量神奇交叉分析	360 元
305	績效考核手冊(增訂二版)	400 元	49	商場促銷法寶	360 元
306	經銷商管理手冊(增訂四版)	420 元	53	餐飲業工作規範	360 元
			54	有效的店員銷售技巧	360 元

55	如何開創連鎖體系〈增訂三版〉	360元
56	開一家穩賺不賠的網路商店	360元
57	連鎖業開店複製流程	360元
58	商鋪業績提升技巧	360元
59	店員工作規範（增訂二版）	400元
60	連鎖業加盟合約	400元
61	架設強大的連鎖總部	400元
62	餐飲業經營技巧	400元
63	連鎖店操作手冊（增訂五版）	420元
64	賣場管理督導手冊	420元
65	連鎖店督導師手冊（增訂二版）	420元
66	店長操作手冊（增訂六版）	420元
67	店長數據化管理技巧	420元
68	開店創業手冊〈增訂四版〉	420元

《工廠叢書》

13	品管員操作手冊	380元
15	工廠設備維護手冊	380元
16	品管圈活動指南	380元
17	品管圈推動實務	380元
20	如何推動提案制度	380元
24	六西格瑪管理手冊	380元
30	生產績效診斷與評估	380元
32	如何藉助IE提升業績	380元
35	目視管理案例大全	380元
38	目視管理操作技巧(增訂二版)	380元
46	降低生產成本	380元
47	物流配送績效管理	380元
51	透視流程改善技巧	380元
55	企業標準化的創建與推動	380元
56	精細化生產管理	380元
57	品質管制手法〈增訂二版〉	380元
58	如何改善生產績效〈增訂二版〉	380元
67	生產訂單管理步驟〈增訂二版〉	380元
68	打造一流的生產作業廠區	380元
70	如何控制不良品〈增訂二版〉	380元
71	全面消除生產浪費	380元
72	現場工程改善應用手冊	380元

75	生產計劃的規劃與執行	380元
77	確保新產品開發成功（增訂四版）	380元
79	6S管理運作技巧	380元
80	工廠管理標準作業流程〈增訂二版〉	380元
83	品管部經理操作規範〈增訂二版〉	380元
84	供應商管理手冊	380元
85	採購管理工作細則〈增訂二版〉	380元
87	物料管理控制實務〈增訂二版〉	380元
88	豐田現場管理技巧	380元
89	生產現場管理實戰案例〈增訂三版〉	380元
90	如何推動5S管理（增訂五版）	420元
92	生產主管操作手冊(增訂五版)	420元
93	機器設備維護管理工具書	420元
94	如何解決工廠問題	420元
95	採購談判與議價技巧〈增訂二版〉	420元
96	生產訂單運作方式與變更管理	420元
97	商品管理流程控制(增訂四版)	420元
98	採購管理實務〈增訂六版〉	420元
99	如何管理倉庫〈增訂八版〉	420元
100	部門績效考核的量化管理（增訂六版）	420元
101	如何預防採購舞弊	420元

《醫學保健叢書》

1	9週加強免疫能力	320元
3	如何克服失眠	320元
4	美麗肌膚有妙方	320元
5	減肥瘦身一定成功	360元
6	輕鬆懷孕手冊	360元
7	育兒保健手冊	360元
8	輕鬆坐月子	360元
11	排毒養生方法	360元
13	排除體內毒素	360元
14	排除便秘困擾	360元

15	維生素保健全書	360 元
16	腎臟病患者的治療與保健	360 元
17	肝病患者的治療與保健	360 元
18	糖尿病患者的治療與保健	360 元
19	高血壓患者的治療與保健	360 元
22	給老爸老媽的保健全書	360 元
23	如何降低高血壓	360 元
24	如何治療糖尿病	360 元
25	如何降低膽固醇	360 元
26	人體器官使用說明書	360 元
27	這樣喝水最健康	360 元
28	輕鬆排毒方法	360 元
29	中醫養生手冊	360 元
30	孕婦手冊	360 元
31	育兒手冊	360 元
32	幾千年的中醫養生方法	360 元
34	糖尿病治療全書	360 元
35	活到 120 歲的飲食方法	360 元
36	7 天克服便秘	360 元
37	為長壽做準備	360 元
39	拒絕三高有方法	360 元
40	一定要懷孕	360 元
41	提高免疫力可抵抗癌症	360 元
42	生男生女有技巧〈增訂三版〉	360 元

《培訓叢書》

11	培訓師的現場培訓技巧	360 元
12	培訓師的演講技巧	360 元
15	戶外培訓活動實施技巧	360 元
17	針對部門主管的培訓遊戲	360 元
20	銷售部門培訓遊戲	360 元
21	培訓部門經理操作手冊（增訂三版）	360 元
23	培訓部門流程規範化管理	360 元
24	領導技巧培訓遊戲	360 元
26	提升服務品質培訓遊戲	360 元
27	執行能力培訓遊戲	360 元
28	企業如何培訓內部講師	360 元
29	培訓師手冊（增訂五版）	420 元
30	團隊合作培訓遊戲(增訂三版)	420 元
31	激勵員工培訓遊戲	420 元

32	企業培訓活動的破冰遊戲（增訂二版）	420 元
33	解決問題能力培訓遊戲	420 元
34	情緒管理培訓遊戲	420 元
35	企業培訓遊戲大全(增訂四版)	420 元

《傳銷叢書》

4	傳銷致富	360 元
5	傳銷培訓課程	360 元
10	頂尖傳銷術	360 元
12	現在輪到你成功	350 元
13	鑽石傳銷商培訓手冊	350 元
14	傳銷皇帝的激勵技巧	360 元
15	傳銷皇帝的溝通技巧	360 元
19	傳銷分享會運作範例	360 元
20	傳銷成功技巧（增訂五版）	400 元
21	傳銷領袖（增訂二版）	400 元
22	傳銷話術	400 元

《幼兒培育叢書》

1	如何培育傑出子女	360 元
2	培育財富子女	360 元
3	如何激發孩子的學習潛能	360 元
4	鼓勵孩子	360 元
5	別溺愛孩子	360 元
6	孩子考第一名	360 元
7	父母要如何與孩子溝通	360 元
8	父母要如何培養孩子的好習慣	360 元
9	父母要如何激發孩子學習潛能	360 元
10	如何讓孩子變得堅強自信	360 元

《成功叢書》

1	猶太富翁經商智慧	360 元
2	致富鑽石法則	360 元
3	發現財富密碼	360 元

《企業傳記叢書》

1	零售巨人沃爾瑪	360 元
2	大型企業失敗啟示錄	360 元
3	企業併購始祖洛克菲勒	360 元
4	透視戴爾經營技巧	360 元
5	亞馬遜網路書店傳奇	360 元
6	動物智慧的企業競爭啟示	320 元

7	CEO 拯救企業	360 元
8	世界首富　宜家王國	360 元
9	航空巨人波音傳奇	360 元
10	傳媒併購大亨	360 元

《智慧叢書》

1	禪的智慧	360 元
2	生活禪	360 元
3	易經的智慧	360 元
4	禪的管理大智慧	360 元
5	改變命運的人生智慧	360 元
6	如何吸取中庸智慧	360 元
7	如何吸取老子智慧	360 元
8	如何吸取易經智慧	360 元
9	經濟大崩潰	360 元
10	有趣的生活經濟學	360 元
11	低調才是大智慧	360 元

《DIY 叢書》

1	居家節約竅門 DIY	360 元
2	愛護汽車 DIY	360 元
3	現代居家風水 DIY	360 元
4	居家收納整理 DIY	360 元
5	廚房竅門 DIY	360 元
6	家庭裝修 DIY	360 元
7	省油大作戰	360 元

《財務管理叢書》

1	如何編制部門年度預算	360 元
2	財務查帳技巧	360 元
3	財務經理手冊	360 元
4	財務診斷技巧	360 元
5	內部控制實務	360 元
6	財務管理制度化	360 元
8	財務部流程規範化管理	360 元
9	如何推動利潤中心制度	360 元

為方便讀者選購，本公司將一部分上述圖書又加以專門分類如下：

《主管叢書》

1	部門主管手冊（增訂五版）	360 元
2	總經理行動手冊	360 元
4	生產主管操作手冊（增訂五版）	420 元

5	店長操作手冊（增訂六版）	420 元
6	財務經理手冊	360 元
7	人事經理操作手冊	360 元
8	行銷總監工作指引	360 元
9	行銷總監實戰案例	360 元

《總經理叢書》

1	總經理如何經營公司(增訂二版)	360 元
2	總經理如何管理公司	360 元
3	總經理如何領導成功團隊	360 元
4	總經理如何熟悉財務控制	360 元
5	總經理如何靈活調動資金	360 元

《人事管理叢書》

1	人事經理操作手冊	360 元
2	員工招聘操作手冊	360 元
3	員工招聘性向測試方法	360 元
5	總務部門重點工作	360 元
6	如何識別人才	360 元
7	如何處理員工離職問題	360 元
8	人力資源部流程規範化管理（增訂四版）	420 元
9	面試主考官工作實務	360 元
10	主管如何激勵部屬	360 元
11	主管必備的授權技巧	360 元
12	部門主管手冊（增訂五版）	360 元

《理財叢書》

1	巴菲特股票投資忠告	360 元
2	受益一生的投資理財	360 元
3	終身理財計劃	360 元
4	如何投資黃金	360 元
5	巴菲特投資必贏技巧	360 元
6	投資基金賺錢方法	360 元
7	索羅斯的基金投資必贏忠告	360 元
8	巴菲特為何投資比亞迪	360 元

《網路行銷叢書》

1	網路商店創業手冊〈增訂二版〉	360 元
2	網路商店管理手冊	360 元
3	網路行銷技巧	360 元
4	商業網站成功密碼	360 元
5	電子郵件成功技巧	360 元

6	搜索引擎行銷	360 元

《企業計劃叢書》

1	企業經營計劃〈增訂二版〉	360 元
2	各部門年度計劃工作	360 元

3	各部門編制預算工作	360 元
4	經營分析	360 元
5	企業戰略執行手冊	360 元

請保留此圖書目錄：

　　未來在長遠的工作上，此圖書目錄

可能會對您有幫助！！

在海外出差的………
臺灣上班族

愈來愈多的台灣上班族,到海外工作(或海外出差),對工作的努力與敬業,是台灣上班族的核心競爭力;一個明顯的例子,返台休假期間,台灣上班族都會抽空再買書,設法充實自身專業能力。

[憲業企管顧問公司]以專業立場,為企業界提供最專業的各種經營管理類圖書。

85%的台灣上班族都曾經有過購買(或閱讀)[憲業企管顧問公司]所出版的各種企管圖書。

建議你:工作之餘要多看書,加強競爭力。

建立企業圖書館

當市場競爭激烈時：

培訓員工，強化員工競爭力
是企業最佳對策

「人才」是企業最大的財富。如何提升人才，是企業永續經營、戰勝對手的核心競爭力。積極培訓公司內部員工，是經濟不景氣時期的最佳戰略，而最快速的具體作法，就是「建立企業內部圖書館，鼓勵員工多閱讀、多進修專業書籍」

建議您：請一次購足本公司所出版各種經營管理類圖書，作為貴公司內部員工培訓圖書。 使用率高的（例如「贏在細節管理」），準備 3 本；使用率低的（例如「工廠設備維護手冊」），只買 1 本。

經營顧問叢書 ⑲　　　　售價：420 元

應收帳款的管理與催收

西元二○一六年六月　　　　初版一刷

編輯指導：黃憲仁

編著：鄭宏恩

策劃：麥可國際出版有限公司（新加坡）

編輯：蕭玲

校對：劉飛娟

發行人：黃憲仁

發行所：憲業企管顧問有限公司

電話：(02) 2762-2241　　(03) 9310960　　0930872873

電子郵件聯絡信箱：huang2838@yahoo.com.tw

銀行 ATM 轉帳：合作金庫銀行　　帳號：5034-717-347447

郵政劃撥：18410591　　憲業企管顧問有限公司

江祖平律師顧問：紙品書、數位書著作權與版權均歸本公司所有

登記證：行政業新聞局版台業字第 6380 號

本公司徵求海外版權出版代理商（0930872873）